职业院校学生人文社科知识读本

安 全 教 育

顾　问　陈大斌　强玉龙

主　审　李翔宇

主　编　杨桂林

编　委　王开锋　余天庆　闵立中

毛　娟　王　剑　涂德良

柏小凤　伏广利　高　轩

陈宏俊　王　妍

苏州大学出版社

图书在版编目(CIP)数据

安全教育 / 杨桂林主编. —苏州：苏州大学出版社,2016.8(2018.1 重印)
(职业院校学生人文社科知识读本)
ISBN 978-7-5672-1813-0

Ⅰ. ①安… Ⅱ. ①杨… Ⅲ. ①安全教育—高等职业教育—教材 Ⅳ. ①X956

中国版本图书馆 CIP 数据核字(2016)第 199735 号

安全教育
杨桂林　主编
责任编辑　管兆宁

苏州大学出版社出版发行
(地址：苏州市十梓街 1 号　邮编：215006)
宜兴市盛世文化印刷有限公司印装
(地址：宜兴市万石镇南漕河滨路 58 号　邮编：214217)

开本 787 mm×1 092 mm　1/16　印张 12　字数 256 千
2016 年 8 月第 1 版　2018 年 1 月第 3 次修订印刷
ISBN 978-7-5672-1813-0　定价：30.00 元

苏州大学版图书若有印装错误,本社负责调换
苏州大学出版社营销部　电话：0512-65225020
苏州大学出版社网址　http：//www.sudapress.com

职业院校学生人文社科知识读本

丛书编审委员会

参加编写学校名单(排序不分先后)

徐州经贸高等职业学校
徐州生物工程职业技术学院
连云港工贸高等职业技术学校
宿迁经贸高等职业技术学校
淮安生物工程高等职业学校
盐城技师学院
扬州高等职业技术学校
仪征技师学院
泰州机电高等职业技术学校
南通理工学院
南京财经大学
苏州旅游与财经高等职业技术学校
苏州农业职业技术学院
苏州职业大学
苏州工业园区职业技术学院
苏州工业园区工业技术学校
苏州经贸职业技术学校
德州职业技术学院
安徽工商职业学院
安徽广播影视职业技术学院
南昌航空大学
九江学院
上海李伟菘音乐学校
上海商业学校
上海师范大学天华学院
中山市中等专业学校
深圳职业技术学院

总　序

《国家中长期教育改革和发展规划纲要（2010—2020年）》（以下简称《纲要》）中明确提出“要把育人为本作为教育工作的根本要求”；《教育部关于全面提高高等职业教育教学质量的若干意见》（教高〔2006〕16号）中也明确指出“高等职业院校要坚持育人为本，德育为先，把立德树人作为根本任务”。其宗旨都要求高职教育的终极目标须以育人为本，为此，全面提升学生的人文素质就成为必然选择。

从人才和就业市场反馈的信息看，备受青睐的毕业生往往具备如下特点：道德素质较高，具备较强的事业心、责任感；有艰苦奋斗精神、奉献精神和创新精神；基础扎实，知识面宽；有较好的组织管理能力，善于处理人际关系等。从国家、社会和用人单位层面来讲，也都要求毕业生具备良好的道德修养、专业知识技能、职业心理、创新精神、团队合作能力、人际交往与沟通能力、承受挫折能力等综合素质。因此，高等职业院校在教育教学中必须结合学校实际，加强调研与分析，在学校的各项教育教学活动中多渠道、多方位地加强学生人文素质的教育与培养。

在高职院校的专业设置中，人文素质课程是薄弱环节。要想培养出“既具有过硬的专业知识和岗位技能，又具有远大的个人理想和良好的道德风尚”的毕业生，必须进行课程体系的改革和创新，同时要加强人文素质教育的研究与总结；在课程设置上做到人文素质课程与职业技能课程并重，善于发现人文素质教育的素材和切入点，并根据学校自身的特点设置人文素质教育课程。

1. 改革课程体系，完善人文教育

人文素质教育课程体系的构建必须以马克思主义为指导，突出文理渗透、工管结合的学科交叉特点，全面提高学生的人文素养。此外，课程体系的构建还必须从实际出发，考虑课程的相对系统性和完整性，考虑师生的承受能力，考虑理工科院校的特殊性，使课程体系改革具有可操作性。课程体系除了开设人文学科的选修课和必修课外，还可以经常举办人文学术报告与讲座、职业生涯规划课程与就业创业指导讲座等。职业院校应结合高职生的心理特点和成长规律，成立心理健康咨询中心，建立心理健康咨询网站，通过多种形式进行心理健康教育的宣传和指导，让学生真正感受到人文关怀，培养人文情怀。

2. 专业课程渗透人文教育

人文教育不仅仅体现在人文课程的教学中，在专业课程教学中同样可以处处渗透着人文精神，同样可以进行人文教育。在专业教学中，要让学生了解与专业相关的真实的历史背景、自然和谐的文化精神、真善美的文化底蕴等人文方面的知识，在专业技能的应用中处处展示这些人文精神，从而进一步激发学生学习专业的兴趣与热情，夯实专业基础，加强专业技能和人文素质的共同培养。

3. 综合考核，协调运转

高职教育要适应社会的发展，必须让教育系统内的各个子系统及各个要素之间协调运转，形成技能教育和人文素质教育的合力。要建立科学的人文素质培养评估体系，明确每门课程的职业人文素质教育目标，完善对学生在人文社科知识、思想道德、社会活动参与等多方面的考核指标及人文素质测评，在产、学、研中渗透、融合人文素质的培养，将素质考核纳入整个考试考核体系。

《纲要》中还指出："职业教育要面向人人，面向社会，要着力培养学生的职业道德、职业技能和就业创业能力。"因此，职业教育的主旋律是"育人"而非"制器"，不应只要求学生掌握技能，也需培养学生富有人文素养，兼具对国家和社会的责任感。高职院校应通过建设多种符合自身特色的人文素质教育的路径，把学生培养成高技能与全素质的人才，从而适应社会和企业对人才的需求。

这套"职业院校学生人文社科知识系列读本"正是基于这样的理念和出发点而编写的，不过分追求学科的系统性、完整性，强调从学生的实际出发，重点突出文学、历史、地理、音乐、美术、书法、传统文化、职业规划等人文学科的基础知识，力求深入浅出，雅俗共赏，融知识性和趣味性于一体，使学生在阅读中感悟人生，体会关怀，于无形中得到精神熏陶和境界升华。

我们希望这套丛书的出版能够为高职院校开展人文素质教育做出有益的贡献，并通过试用、修订，反复锤炼，能够更具特色，并广受师生的欢迎，成为人文素质教育的精品图书。

我们也希望通过系列教材的编写、出版，能锻炼、培养一批专注于职业院校素质教育教学的教师群体，使其能成为推动学校实施素质教育建设的骨干力量，从而全面促进职业院校素质教育工作更有声有色、卓有成效地展开。

丛书编委会

前言
Preface

安全教育是个经久不衰的话题,学生安全教育工作是否到位,直接关系到广大学生的身心健康,关系到广大群众的切身利益,关系到社会的和谐稳定。因此,让学生了解安全常识,掌握避险急救技巧,用知识守护生命,使学生发生意外事故的概率降到最低,是各类学校教育和管理工作的重要内容之一。对于职业院校来说,由于教育形式、学生特点、学校环境不同于其他普通学校,其安全问题更为突出,因此加强职业院校学生的安全教育就显得更为迫切和必要。

本书是根据多年教学和管理的实践经验编写而成,梳理了当前职业院校学生安全教育工作的思路和方法,对加强学生的安全意识,帮助学生掌握避险急救的技巧,增强其自我处置的能力,最大限度地减少损失具有很好的教育意义。

本书共分五篇,分别从校园平安、生命安全、社会交往、户外活动、实习求职等方面进行了介绍。"案例点评"栏分析了学生常见安全问题产生的原因,旨在强化学生安全忧患意识;"安全常识"栏介绍相关的安全知识和避险技巧;"知识链接"栏拓展学生的安全知识和实践经验;"模拟训练"栏对一些易发安全事故进行了场景模拟,以提高学生的判断能力和自救能力;"交流讨论"栏给出了一些有争议性的话题供学生交流讨论,以帮助学生明辨是非。

本书集知识性、实用性、理论性于一体,深入浅出,贴近学生生活,具有较强的针对性和可操作性。本书图文并茂、表述简洁、语言通俗、内容浅显,以典型、简短的现实案例为引线,用平实的语言讲述职业院校学生需要掌握的安全知识和急救技能。本书既适用于职业院校学生的安全教育,也可作为广大学生的课外读物。

由于时间仓促和水平有限,本书难免存在疏漏之处,恳请各位读者批评指正。

编　者

目 录
Contents

Part 3
第三章 社会交往 77/

Part 4
第四章 户外活动 113/

Part 5
第五章 实习求职 153/

Part 1

第一章　校园平安

校园和安全,乍一看,似乎风马牛不相及。在人们的脑海中,学校是放飞梦想的摇篮,求知探索的天堂,似乎和危险沾不上边。然而现实世界中,每个地方都有它的规则和秩序,如果你不遵守,就有可能发生各种各样的意外。只要我们平时注意看新闻,那么有关学校军训时有同学猝死的,在学校组织的长跑锻炼中有同学摔倒再没爬起来的事件并非鲜见;更有学校实验室发生爆炸造成多人死伤的严重事件和消防安全事故等频频见诸报端;还有食物中毒、传染疾病的群体性事件的发生;其他如校园恋爱的悲剧结尾,校园伤害事件的发生等。这些无不时时刻刻在提醒着我们每个人:校园虽然美好,但危险和隐患依然存在。如果我们不能自觉地遵守学校的各项规章制度,不能很好地掌握一些基本的生活防护常识和技能,危险就有可能出现在我们的身边。

专题一　遵守校园规则

话题1　校内活动防意外

引　言

校内活动意外伤害事故，主要是指学生在校活动中，由不可预见的原因或不可抵抗的力量而导致的人身伤害事故。从当前学校发生的学生意外伤害事故来看，其形成的原因大致有两个方面：一是学生与他人发生冲突而受到伤害；二是学生在教育教学活动中因种种原因而受到伤害。这里所说的学生意外伤害事故，根据教育部《学生伤害事故处理办法》的定义，主要指在学校里实施的教育教学活动或者学校组织的校外活动中，以及在学校负有管理责任的校舍、场地、其他教育教学设施、生活设施内发生的，造成了在校学生人身伤害后果的事故。

某校曾对该校2010级2 720名学生进行过统计，该校五年时间共计发生意外伤害事故1 197起，其中校内发生897起，校内运动意外伤害事故达到794起。由此可见，了解一些校内运动意外预防的知识是十分重要的。

案例点评

案例1：2013年11月某日下午，北京市某职校三年级(2)班学生在学校操场上体育课20分钟后，体育老师在安排同学们自由活动后便离开了操场。张某与苏某在足球场边玩起了摔跤游戏，张某不慎摔倒且头部着地，当场感觉头昏脑涨，送医院检查后被诊断为脑震荡。治疗数月，花费3万元，虽有所好转，但未能参加期末考试。

点评：

案例中造成张某意外受伤的原因是多方面的，体育老师有较大责任，但学生本人玩摔跤实属不该。学生在活动课期间要注意安全，防止伤人和自伤，不能做危险的游戏等，对于容易造成伤害的活动要掌握动作要领，落实保护措施。

案例2：2009年12月7日晚9时10分，湖南省湘乡市一所学校下晚自习时教学楼楼梯间发生严重拥挤踩踏事故，8名学生死亡，26名学生受伤，其中3人重伤。

点评：

校园已多次发生拥挤踩踏事故，主要是混乱无序造成的。学生集体上下楼或集中活动时，一定要遵守纪律，服从安排。如果出现意外情况，要保持冷静，听从统一指挥，切忌混乱，避免发生事故。

案例3：某校举办秋季运动会。该校一名学生正在铅球场上与其他运动员激烈角逐，30多名同学在赛场周围呐喊助威。突然，这位同学因投掷的姿势不对，将5千克重的铅球投偏了方向，铅球飞出投掷区，砸向了站在离投掷点7米多远的同班同学小王的头部。小王当场倒地，不省人事。学校组织人员迅速将小王送医院急救，发现小王伤情严重，必须进行手术治疗。

点评：

从学生被铅球砸伤的事故看，学校运动会组织者对投掷铅球运动的安全区设置过小是一个原因。学校在组织运动会时，应该把学生安排在绝对安全的区域观看。在安全区沿线，还应派人把守，以免有学生不注意而进入危险区域。如果有条件，应在投掷区设置防护网。观众在观看投掷类比赛时，应特别注意投掷物的运动方向，一旦发现方向偏离正常范围，要迅速、及时地躲避。如果看到其他同学离投掷区太近，我们也要马上提醒。

⚠ 安全常识

案例中的校内活动致意外伤害事故主要有以下两种类型：第一类是在学校正常的教育教学活动过程中发生的伤害事故，比如在体育课上进行器械运动时的摔伤；第二类是非授课时间（即课间休息或课外活动时）学生在校园内受伤的事故。

一、体育运动如何预防器械伤害

1. 参加体育锻炼时一定要先做好准备活动，使身体逐渐进入运动状态，防止身体没有活动开，肢体僵硬，导致器械碰伤、撞伤。

2. 参加体育锻炼时尽量选择平整的场地。如果在不平整的场地锻炼，脚踝要始终保持一定的紧张度，防止踏踩在不平的地方造成扭伤。通过锻炼增强脚踝的力量，也可以防止在不平整的场地上扭伤脚踝。

3. 参加投掷项目的锻炼时，要注意观察器械下落地区的情况，看无行人穿过，确定安全后再将器械投出。一些通过旋转技术投掷的器械，如铁饼等，一定要在有护笼的场地里进行投掷，防止铁饼出手后飞行的落点超出预定的范围。

4. 使用单双杠、杠铃等器械进行锻炼时，要先检查器械的螺钉、卡扣等是否牢固，避免发生意外。

5. 在球类运动中，不要强迫自己做出没有练习过的动作。要注意防止头顶足球时足球砸在鼻子或者眼睛上，使鼻子出血、眼睛撞伤；防止打篮球抢篮板球时手指挫伤；防止打排球传球时手指扭伤。

6. 参加长跑运动时要选择穿比较松软的衣服、运动鞋，防止在跑步时磨破皮肤。

7. 参加滑冰或滑雪运动时，要注意在失去平衡时顺势摔倒、团身，注意保护自己。不要用硬力对抗，防止由于受到冰刀、雪杖的碰撞或击打而意外受伤。

二、校园集体活动的安全预防措施

1. 遵守活动纪律，听从老师或管理人员的指挥，统一行动，不独自盲目行事。

2. 认真听取有关活动的注意事项，了解什么是必须做的，什么是可以做的，什么是不允许做的。

3. 参加活动时会接触和使用一些劳动工具、机械电器设备，要仔细了解它们的特点、性能、操作要领，严格按照有关人员的示范、指导进行操作。

4. 不要随意触摸、拨弄活动现场的电闸、开关、按钮等，以免发生危险事故。

5. 在指定的区域活动，不随意走动，以防止意外发生。

三、教室活动安全事项

1. 防磕碰。目前大多数教室空间比较狭小，又放置了许多桌椅、饮水机等用品，所以不应在教室中追逐、打闹，做剧烈的运动或游戏，以防止磕碰受伤。

2. 防滑、防摔。教室地板比较光滑，要注意防止滑倒受伤；需要登高打扫卫生、取放物品时，要请他人加以保护，防止摔伤。

3. 防坠落。在楼层较高的教室学习时，不要将身体探出阳台或者窗外，谨防不慎坠楼的危险。

4. 防挤压。在开关教室的门、窗户时容易挤到手，应当小心。

5. 防火灾。不要在教室里随便玩火，更不能在教室里燃放爆竹。

6. 防意外伤害。锥、刀、剪等锋利、尖锐的工具,图钉、大头针等文具,用后应妥善存放起来,不能随意放在桌子、椅子上,防止有人受到意外伤害。

四、遇到拥挤人群时的注意事项

1. 在大家集体下楼时一律不准个别同学上楼,大家集体上楼时一律不准个别同学下楼。不在楼梯通道嬉戏打闹,人多的时候不拥挤、不起哄、不制造紧张或恐慌气氛。无论什么时间,上下楼梯都要靠右行走,不跑、不追、不逆行。

2. 尽量避免到人群拥挤的地方,不得已时,尽量走在人流的边缘。每天做完广播操后,各班按顺序回教室,过楼道时,不拥挤、不推搡、不打闹,不逆行、不停留,严禁在队伍中穿越。

3. 发觉拥挤的人群向自己走来时,应立即避到一旁,不要慌乱,不要奔跑,避免摔倒。顺着人流走,切不可逆着人流前进,否则,很容易被人流推倒。

4. 假如陷入拥挤的人流,一定要先站稳,身体不要倾斜,以免失去重心,即使鞋子被踩掉,也不要弯腰捡鞋子或系鞋带。有可能的话,可先尽快抓住坚固可靠的东西慢慢走动或停住,待人群过去后再迅速离开现场。

5. 若自己不幸被人群挤倒,要设法靠近墙角,身体蜷成球状,双手紧扣于颈后以保护身体最脆弱的部位。在人群中走动,遇到台阶或楼梯时,尽量抓住扶手,以防止摔倒。

6. 在拥挤的人群中,要时刻保持警惕,当发现有人情绪不对或人群开始骚动时,要做好准备保护自己和他人。

7. 在人群骚动时,要注意站稳,千万不能被绊倒,避免成为拥挤踩踏事件的诱发因素。

8. 当发现自己前面有人突然摔倒时,要马上停下脚步,同时大声呼救,告知后面的人不要向前靠近,及时分流拥挤人流,组织人群有序疏散。

9. 在校内活动时,不要追打跑闹,不要玩危险的游戏和带尖带刃的物品。不要爬高,不要滑楼梯,不要蹦台阶,不要人背人。在教室内玩耍时,不要跑、也不要打闹,以避免被桌椅等物品撞伤。

10. 上厕所时按先来后到的顺序,不要拥挤,不要推拉,人多时要在外面等候,等人少时再进去。

11. 如果放学时遇到停电事故,不要起哄、也不要喊叫,应该有序下楼,保持安静。

12. 不准乱碰开关,如果遇到突发事件,不要惊慌,要增强自护、自救能力。

知识链接

同学们,如果你或者你的同学在校内活动时已经不可避免地发生了一些意外伤害事故,你该做些什么呢?下面教你几招简单的处理方法:

1. 鼻子出血不要慌，塞入纱布就可行。

挖鼻孔时，可能发生轻微的鼻出血；如果鼻部受到外力打击，鼻内的血管破裂，就可能发生相当严重的鼻出血。鼻出血的同学可以暂时用口呼吸，同时头要向后仰，在鼻部放置冷毛巾。如果出血不止，可以将凡士林纱布塞入出血的鼻腔内。

2. 遇到扭伤或挫伤，马上冷敷有成效。

扭伤多发生在四肢关节处，挫伤指身体被笨重的物体碰伤。在遇到扭伤或者挫伤时，可以立刻做冷敷。冷敷的具体操作方法是：用毛巾蘸冷水，拧干后盖在伤处，也可以用冷水淋洗伤部。冷敷可以每隔3～4小时做一次，每次5～8分钟。

3. 遇到皮肤擦伤，迅速止血很重要。

擦伤是指身体的裸露部分与地面、墙壁或其他物体猛烈摩擦发生的伤害。处理办法是迅速止血，由于血有自行凝结的能力，所以轻度擦伤的渗透性出血在数分钟内即可自行停止。大范围的擦伤出血量大，要立即送医院抢救，在送医院途中也要设法止血或者减少出血量。在止血过程中，切忌用脏毛巾、手绢等物擦洗伤处，以免细菌感染。

4. 遇到骨折不乱动，放平伤者送医院。

骨折是骨头的一种损伤。正确的急救步骤是：首先除去压在伤者身上的障碍物，然后把伤者放平，固定伤肢，注意保暖，在移动伤者时动作要缓慢、轻柔；迅速送医院处理。切忌盲目翻动伤者的身体，以避免伤及肌肉、神经、血管等。

模拟训练

● 某天自习课时，某校的五层教学楼上突然发出剧烈的响声，所有班级的同学蜂拥而出，整个楼道挤满了人，如果你在现场，该如何预防踩踏事件的发生？

1. 在拥挤的人群中，一定要时时保持警惕，不要总是被好奇心理驱使。当面对惊慌失措的人群时，更要保持情绪稳定，惊慌只会使情况更糟。

2. 已被裹挟在人群中时，切记要和大多数人的前进方向保持一致，不要试图超过别人，更不能逆行，要听从指挥人员的指挥。同时要发扬团队精神，因为组织纪律性在此时非常重要。专家指出，心理镇静是个人逃生的前提，服从大局是集体逃生的关键。

3. 如果出现拥挤踩踏的现象，应及时联系外援，寻求帮助。

交流讨论

1. 体育课上进行篮球训练时，你需要注意防范哪些意外事故的发生？

2. 如何组织一场校园安全知识宣传周活动？

话题2 实训操作守规则

引 言

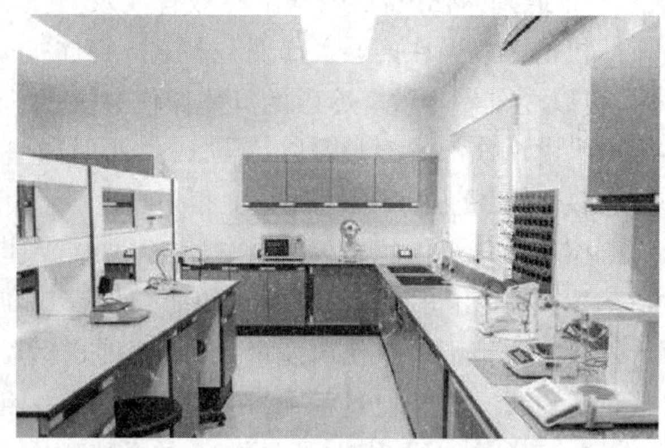

实验实训是学生实践活动的重要组成部分，是对书本知识的延伸和升华，职业院校在实训厂房、实验设备及材料等方面提供了比较接近于生产实践的硬件，教学过程中的技能训练内容、生产安全要求、组织管理过程也比较接近于企业的生产环境，这一切都是为了让学生在就业后能够尽快适应企业的管理模式，养成良好的职业习惯。无论是实训还是实验，安全永远要放在第一位。

为了做到安全实训，学校一般都会制定完备的制度，教师也都会进行安全教育，但即使这样，实验伤害事故的发生率仍然呈上升趋势。

案例点评

案例1：某校学生在车间实训时，随指导老师进行拌料操作，拌料结束后，带班老师到隔壁车间指导，留下实习生一人清理该混合机中的剩余底料，实习生误启动了混合机，左手被卷入机器而导致残疾。另有一名学生在实训时，因操作对象是台旧车床，且车床皮带轮防护罩缺失，在生产过程中袖子不慎被绞，经医院抢救后右手被截肢。

点评：

学生对实训工作过程和生产环境的认识不够充分，安全意识淡薄，操作技能水平低，容易引发操作失误，从而导致事故发生。血的教训告诫我们，实训生产中安全第一，必须规范操作，切不可马虎行事。

案例2：某学生在做乙酸乙酯的制取实验时，加浓硫酸量过多，操作违规，导致浓硫酸溅出，伤及其他同学。化学实验员和化学老师立即进行安全处理，然后将受伤人员送进医院。事后查明，事故发生时化学老师和化学实验员一前一后在辅导部分学生做实验。在此之前，化学实验员已讲清了有关注意事项及操作步骤，并且在此前已有10个班同学做过该实验，没出现过任何问题。

点评：

学生在实验室做实验时发生意外事故，学校明显应当承担责任。该化学实验员在这起事故发生前履行了自己的告知义务，并且事故是在该化学实验员为另外的学生进行辅导时发生的，并非在其在场的情况下发生，因此该化学实验员不应当对此事故承担过错责任。主要原因是学生本人操作失误，没能掌握实验操作要领。

安全常识

一、实验室安全事故的分类

1. 因人员操作不慎、仪器设备使用不当和粗心大意酿成的事故。
2. 因仪器设备和各种管线年久失修、老化损坏酿成的事故。
3. 因自然现象酿成的自然灾害事故。
4. 人为因素造成的非法侵害或破坏事故。

在实验室里，这些事故的表现形式有火灾、爆炸、毒害及机电伤人等。

二、实验室火灾事故发生的原因

1. 在实验室抽烟并乱扔烟头。
2. 供电线路老化、短路、超负荷运行。
3. 忘记关电源，致使通电时间过长，电器温度过高，电线发热。
4. 电器操作不慎或使用不当。
5. 易燃物品保管或使用不当。
6. 不遵守实验室安全管理规程，违反操作规则，实验中擅自脱岗等。

三、实验室火灾事故的预防

1. 参加实验的学生在实验前要认真检查实验设备的安全性能状况，发现电线及设备存在故障时，应及时报告实验室管理人员。

2. 学生进入实验室应严格遵守实验室管理规定，不得违规在实验室内吸烟或使用电器。

3. 参加实验的学生在操作设备时应集中精力，严格执行操作规程，使用易燃易爆物品时更要小心谨慎，实验结束前学生不得擅自脱岗，以防发生火灾事故。

4. 参加实验的学生要了解实验室灭火器材的种类、存放位置和使用方法，一旦实验室发生火灾，在报警的同时要立即使用灭火器材灭火。学生还要熟悉实验室的安全通道，以便一旦发生大火时能够迅速逃生。

四、实验室爆炸事故发生的原因

1. 违章操作，没有遵守安全管理规定。

2. 设备老化、存在故障,未及时检修。

3. 易燃易爆物品管理不善,发生泄漏,遇火花引起爆炸。

五、实验室爆炸事故的预防

1. 了解爆炸物的性能。在接触爆炸物之前,必须了解爆炸物的基本性能,如它在什么条件下会爆炸,有多大的威力,会造成什么样的伤害后果等。

2. 在与爆炸物品接触时要做到“七防”:防止可燃气体、粉尘与空气混合;防止明火;防止摩擦和撞击;防止电火花;防止静电放电;防止雷击;防止化学反应。

3. 严格遵守各项法律、法规和规章制度。对于爆炸物的使用、管理、运输,国家有关部门都有严格规定,单位也有各方面的规章制度。例如,爆炸演示、试验等,未经指导教师允许,不得擅自操作;实验剩余的爆炸物,必须如数上交,不私拿、私用;不允许私带、私藏、转让、转卖、转借爆炸品。这些规定必须严格遵守,切不可大意。

4. 要严守岗位职责。学生在进行实验时,常常是分组活动,几个人共同进行操作,这就要求学生必须严格按操作规程行事,听从统一指挥,协调行动,恪守职责。

5. 发现问题,及时报告。如发现丢失爆炸物品或有违反国家关于爆炸品管理规定的行为,不要自行处理,更不能听之任之,必须及时报告老师、学校保卫部门或当地公安机关,便于组织上采取措施,防止危害事故发生。

6. 做好实验设备,特别是压力容器的定期检验。

知识链接

“安全第一,预防为主”,在实训时要牢记以下安全注意事项:

一、操作金属切削机床的注意事项

1. 穿戴符合规定的衣、裤、鞋、帽(女生戴工作帽),了解机床的结构、性能、操作方法,严格遵守操作规程,听从指导教师和工人师傅的指导,谨慎操作。切削脆性材料、高速切削以及磨削刀具和工件时,要戴防护眼镜。

2. 开动机床前,检查各传动部位有无异常情况,对润滑点进行润滑,并低速试运转3~5分钟。确认运转正常后,方可工作。

3. 机床运转时,严禁操作人员离开岗位,严禁变换运转速度,严禁测量工件尺寸,严禁用手触摸旋转的工件、刀具及其他任何运动件。中途停止运转车床,应先退出刀具,避免损伤工件或刀具。操作时,不允许用脚踢手柄。

4. 按规定的方法使用机床附件(卡盘、卡箍、刀盘、刀杆、刀具、挂轮及挂轮架、分度头、平口钳、虎钳、各种胎具、夹具、模具等)。使用时,除夹紧外,还需要按规定采取防止松动、脱落的装置和措施。

5. 使用磨床和砂轮机时,砂轮必须安装有可靠的金属防护罩。新安装的砂轮,要先检查有无裂纹、破损等影响安全的缺陷。安装后,要试运转5分钟,试运转和操作时,工作人员和实习学生不得面对砂轮，必须站在砂轮旋转面的侧边。使用砂轮机时，必须戴防护眼镜，不可用力过猛，以免温度升高太快，导致刀具、工件开裂或挤破砂轮，造成事故。磨刀时，手一定要握紧刀体。对于细小不好拿的刀块或工件，磨削时，应当使用适当的工具夹持，防止其卡住砂轮，造成事故。如果发现砂轮有裂纹或砂轮机（磨床）运转不正常，立即停止使用，切断电源，并及时将情况反映给指导教师和工人师傅。

6. 装卸工件必须停车，切断电源。安装大工件或调整机床行程时，先观察运动件有无运动障碍，手动确认无碰撞后，再开车。钢板尺、卡尺等量具，扳手、起子、刀具等工具，不得存放在机床导轨、刀架或其他不该摆放东西的机床部位上。

7. 两人或两人以上操作一台机床时，必须协调好关系。开动机床时，必须通知其他人远离机床相关部位和危险区域，经观察确认后再开机。不得各行其是，更不得带情绪操作机床。与机床配合使用的工具，如锉刀等必须牢固安装木把或塑料把。清除切屑时要使用工具，不得用手清除。

8. 工作完成后应清扫机床。将操作手柄打到空挡位置，加注润滑油，切断电源，填写好操作记录。

二、钳工实训时的注意事项

1. 工作时，穿戴好符合规定的衣、裤、鞋、帽（女生戴工作帽），使用的工具如剔铲、錾子、锤头等，不得有裂纹；锉刀、刮刀等，应安有牢固的木把或塑料把；手锤、大锤等在使用前应检查锤头安装是否牢固。

2. 使用钻床（台钻、立钻、摇臂钻）时，不准戴手套；停车时，不准用手刹钻卡头；钻小工件时，不准用手拿着钻，必须使用工具夹持；钻出的切屑，不准用嘴吹，不准用手清除。

3. 使用剔铲、錾子剔削时，必须戴防护眼镜，对面不准站人，而且要设置防护网。锋利的工具，如剔铲、錾子、刮刀、划针等，使用后应放置在安全的地方。

4. 在使用手电钻、手砂轮机等手提式电动工具前，应用试电笔检查是否漏电。

三、焊接实训时的注意事项

1. 工作前，穿戴好符合规定的衣、裤、鞋、帽（含绝缘鞋、绝缘手套、防护面罩）；检查电焊机是否可靠接地，导线有无破损，电焊把是否完好无损、绝缘可靠。

2. 移动电焊机时必须切掉电源，听从指导教师和工人师傅的指导。未经本专业指导教师和工人师傅允许，不准自己操作。

3. 随时防止烧伤、灼伤，操作时严格遵守操作规程。

4. 气焊实习时，除了要穿戴好符合规定的衣、裤、鞋、帽及防护镜等外，还要检查燃气瓶和氧气瓶是否漏气或超压，燃气瓶和氧气瓶与明火的距离是否大于 10 米，操作现场有无油污及其他易燃易爆物品，燃气瓶和氧气瓶是否被阳光直射，减压保护装置及其安装是否可靠，燃气和氧气导管是否完好，装卡是否紧固，等等。

四、其他专业实训时的注意事项

1. 在铸造作业线、锻造作业线、冲压作业线、机械加工作业线、组装作业线、测试作业线、试车作业线、石油化工以及矿山作业现场等实训时，必须遵守实训现场的安全规程，严禁操作或触摸不该动的阀门、开关、手柄、按钮等，不得触摸不该动的工件、毛坯及其他物品，避免误动设备或受伤。

2. 进入工作区时，应走规定的通道，不得靠近危险的设备，不得进入危险的区域。

3. 随时注意空中吊车吊装物件，注意铲车、电瓶车运送工件物品；行走时注意避免绊倒，注意防滑和防范铁屑划伤腿脚。

模拟训练

● **学生进行实训操作或者观摩实习时，应该注意哪些事项？**

1. 参加实训操作或观摩实习时，必须严格遵守作息制度，遵守实训纪律，接受实训教师的安全教育，遵守实训的劳动安全规章。上课时严禁嬉戏打闹，不得从事任何与实训无关的活动。

2. 在进入厂区、车间、油田、矿山现场及试验室时，不准跑跳；行走也要注意安全，必须穿戴符合规定的衣、裤、鞋、帽（女生必须戴工作帽）。夏天不准穿短裤、裙子、裙裤、拖鞋、凉鞋等；冬天不准穿大衣，不准围围巾，衣裤必须紧口贴身。

3. 操作金属切削机床，一律不准戴手套。操作或参观需要攀爬登高时，必须先检查梯子和站人的地点是否牢固，并遵守攀爬登高的穿戴着装（衣、裤、鞋、安全帽、安全带等）规定。

4. 在厂区、车间、油田、矿山现场及试验室内，凡是自己不懂的或不属于自己操作的设备、阀门、开关、手柄、按钮等，不得操作或触摸；不该接近的设备不得靠近；不该进入的区域不得进入。

5. 进入实习现场后，禁止吸烟，禁止使用明火，禁止携带打火机等火源。

交流讨论

1. 在车工实训时，有女同学觉得把头发盘起来戴工作帽不好看，对此你有什么看法？

2. 夏天，焊工实训室有男生嫌热，不愿意穿长袖的工作服，对此你怎么看？

专题二　伤不起的健康

话题3　预防传染拒艾滋

引　言

传染病是各种致病微生物和寄生虫侵入人体后引起的一种可传播性疾病。学校人群聚集,流动性大,接触面广,是传染病的易发场所。青少年由于免疫功能尚不完善,抵御各种传染病的能力较弱,一旦染上传染病,极易传染给他人,并可扩大到家庭和社会。因此,学生要了解传染病的防控知识,高度重视传染病的预防和控制。

传染病症状集

发热　头痛　咽喉痛

皮疹　腹泻　呕吐

胃痛　干咳　内出血

案例点评

案例1：2014 年 3 月 16 日某职校出现首例风疹出疹病人，该患者发热，体温为37.0～37.5℃，出疹部位先为头部，蔓延至躯干、四肢，耳后淋巴结肿大，麻疹黏膜斑阴性。发现病例后，学校立即报告卫生防疫部门。4 月 3 日—10 日，共出现病人 13 例，为一次发病高峰；4 月 11 日—24 日，出现 2 例病人；4 月 24 日后未出现新发病例。疫情共持续 41 天。

所有出疹、发热的学生均安排隔离治疗，隔离期为出现症状到症状消失后 1 周；教室和学生宿舍加强通风，对教室和学生宿舍的地面、物品进行消毒；为未发病的学生迅速接种风疹疫苗；加强监测，掌握学生缺勤、缺课情况，对新出疹、发热病例及时进行诊治；开展健康教育，提高学生的自我保护能力。通过实施以上防控措施，疫情迅速得到了控制，未对学校教学秩序和学生健康造成太大的影响。

点评：

风疹属丙类传染病，主要通过空气飞沫传播，极易传染。此次疫情发生正处于春季，春季为呼吸系统传染病高发季节。由于该校对传染病疫情发生的敏感度较高，且加强了传染病监测工作，并采取了一系列措施，因此在短时间内控制了疫情。

案例2：2015 年 9 月上旬，全国部分地区出现了小范围聚集性急性出血性结膜炎（俗称“红眼病”）疫情，青岛地区 9 月 15 日也陆续出现了红眼病患者。某校于 9 月 14 日—25 日也相继出现 493 名红眼病学生，大多数病人有眼睛发痒、疼痛、眼肿、畏光、流泪、分泌物增多等症状。在当地疾控中心的调查和指导下，学校立即采取了一系列有效的防治措施，疫情在短时间内得到了控制，所有急性出血性结膜炎患病学生均痊愈，无一危重病例。

点评：

急性出血性结膜炎是夏秋季的一种常见病，在卫生状况不良、人群密度大的单位易流行。患者应避免进入公共场所或参与社交活动。早期发现病人，对病人采取隔离治疗（隔离期为 7—10 日），防止家庭成员之间、群体之间接触传播是极其重要的防控措施。

案例3：我国台湾岛内每新增 3 位艾滋感染者，其中就有两位是因毒瘾染病，并且这种情况正在恶化中。台“卫生署疾病管制局”曾发现，岛内北部地区有几位母亲吸毒者因共用针具在短短一年内彼此交叉感染艾滋病，并祸延各自的配偶及出生的孩子，有一家导致全家6人染病。

点评：

这虽是个别案例，但艾滋病感染率在大陆也呈现逐年提升的现象，在青少年中普及艾滋病的知识、提早预防和及时治疗艾滋病势在必行。

安全常识

通过上述三个案例，我们要清醒地认识到，要有效地防控传染病，就要做到早发现、早诊断、早报告、早隔离、早治疗。那么，了解有关传染病，包括艾滋病的一些知识就显得非常重要。

一、传染病的特点

1. 流行性：传染病可在一定时期内迅速传播，涉及面广，发病率高，造成区域性流行。

2. 季节性：某些传染病在一些季节发病率高或只在固定季节发生。例如，流脑脊髓膜炎多在冬春季发病。

3. 地方性：受地理环境、气候条件以及经济、文化、卫生状况等影响，有些传染病只在某些地区内发生，称为地方性传染病。例如，血吸虫病在我国长江以南多水地域较为常见。

4. 周期性：某些人数年前得过传染病，数年后当免疫力低下或病体变异时再度发病，就称为周期性发病。

二、传染病的传播途径

1. 呼吸道感染：细菌通过灰尘或飞沫进入人的口腔、鼻咽、气管、支气管、肺部等，从而引起呼吸系统传染病。如肺结核就是由结核杆菌经呼吸道进入人体引起的，人感染了结核杆菌后不一定发病，在抵抗力下降时才引起肺结核。

2. 消化道感染：病菌可通过被污染的手、食物、器具、水源等，经口从消化道进入人体。例如，细菌性痢疾就是进食被细菌污染的食物后引起的以全身中毒症状为主的肠道传染病。

3. 经皮肤黏膜感染。

4. 经产道感染：如淋病，患本病的孕妇可使新生儿在出生时经产道受到感染。

5. 经皮肤及血液感染：如狂犬病病毒通过咬破的伤口进入人体；脑炎病毒通过昆虫叮咬进入人体；乙肝病毒通过输血或注射等途径进入人体；艾滋病可通过血液传播。

6. 经眼及泌尿生殖道感染：如疱疹病毒、腺病毒等经毛巾、面盆、澡盆、污染的水等使人体感染。

三、传染病的一般防治方法

传染性疾病的传播主要在于三个环节:传染源、传播途径和易感人群。要注意管理好三个环节:控制传染源、切断传播途径、保护易感人群。除了要达到一般的卫生要求外,还要有较周密的防疫措施。对个人来说,就是要加强预防和自我保健意识,改善营养,注意卫生,锻炼身体,增强抵抗力。

对于传染性疾病,病人必须综合治理,除治疗病人外,还要进行消毒、隔离、检疫、流行病学调查、卫生宣教等,既要治好患者,又要防止传染病扩散。患者应注意休息,进食营养丰富的食物,辅以心理治疗,增强与疾病做斗争的信心。治疗用药中最常用的是抗生素制剂或化学药物制剂,有的传染性疾病可用抗毒血清或噬菌体治疗,对高热者应用物理降温法,对呼吸困难者应输给氧气,急性患者因高热、吐血等流失大量体液时,要注意补给电解质,同时可采用中医疗法进行辨证施治。

四、怎样防治传染病

下面通过列举两例常见的传染病,分析一下它们的特点、症状、预防措施和防治办法。

1. 非典型性肺炎。

这是一种有较强传染性的新型传染病,国家现已将它列为法定新型传染病。

(1) 流行特点。非典型性肺炎常发生在冬末春初,它通过接触病人呼吸道分泌物传播,鼻、口、眼、手等途径都可传播,人群普遍易感,在家庭和医院有传染病聚集现象。

(2) 临床症状。高烧、干咳,没有一般流感的流涕、咽痛等症状,也没有通常感冒常见的白色或黄色痰液,偶有病人痰中带血丝,有病人出现呼吸急促的现象,个别病人出现呼吸窘迫综合征。

(3) 预防措施。学校人口密集,处在生长发育期的青少年,其自身免疫力和抵抗疾病的能力较成人弱;同时,学生食宿和学习都在一起,相互接触较密切。因此,学生作为病发高危群体应采取以下预防措施:大力改善学校的环境卫生状况,空气中可用过氧乙酸溶液喷雾消毒;室内要保持通风透光的良好条件;学生要均衡膳食,调节营养,防止过度紧张和疲劳;多参加户外体育锻炼,尽量少到人群聚集且空气又不流通的场所;根据天气变化及时防寒保暖;去探视已经确诊是非典型性肺炎的病人时,一定要按医生的要求做好保护措施,如戴好加厚的口罩,探望后要洗手、换衣等;一旦有发热、咳嗽、全身酸痛等症状,要向学校报告并及时到医院诊断治疗。

此外,学生应注意保持良好的个人卫生习惯,勤洗澡、勤换衣、勤洗手、勤晒衣服和被褥。

(4) 防治办法。

一般性治疗:休息,适当补充液体及维生素,避免用力和剧烈咳嗽;密切观察病情变化(多数病人在发病后 14 天内都可能属于进展期);定期复查胸片(早期复查间隔时间不超过3天)、心、肝、肾功能等。

对症治疗:对发热超过38.5℃者、全身酸痛明显者,可使用解热镇痛药;对高热者给予冰敷、酒精擦浴等物理降温措施;对咳嗽、咳痰者给予镇咳、祛痰药;对有心、肝、肾等器官功能损害的,应该做相应的处理。

2. 流感。

流感是由流感病毒引起的急性呼吸道传染病,多发于冬春季节。

(1) 传播途径。流感病人及带病毒者是流感的主要传染源,由空气中的飞沫传播。其最显著的特点为突然发生、迅速蔓延、并有一定的死亡率。

(2) 临床症状。突然高热、发冷、头痛、乏力,全身中毒症状较重,体温可达39~40℃,一般2~3天后退热。有些病人也常有恶心、呕吐和腹泻等症状。由于流感令机体抵抗力下降,所以流感患者易受细菌并发感染。常见并发症有肺炎、心肌炎等。致死原因常见于并发症,特别是儿童、老人或体弱、患有慢性病的人。

(3) 预防措施。流感是当前人类还不能有效控制的传染病,至今对流感尚无满意的治疗手段。流感疫苗接种仍是当今防止流感发生和流行最有效的措施之一。由于流感的高发期为每年的秋天到冬天,所以接种疫苗的最佳时间为9月到11月中旬。

除了接种流感疫苗外,还应经常开展体育运动,以增强自身的抵抗力和增进对自然环境的适应性;室内要经常通风,减少大型集会活动,不要常去人群集聚的公共场所,以减少感染机会;注意根据气温变化增减衣服,外出时提倡戴口罩,避免外感风寒,及时医治易诱发流感的疾病,如营养不良、贫血、肠寄生虫症等,以防双重感染。

五、学校预防艾滋病健康教育处方(教育部制定)

艾滋病(AIDS)全称为获得性免疫缺陷综合征。它是由艾滋病毒(HIV)引起的一种目前尚无预防疫苗、又无有效治愈办法、病死率极高的传染病。艾滋病病毒(HIV)通过严重破坏人体免疫功能造成人体的抵抗力极度低下,最终使患者因全身衰竭而死亡。艾滋病主要通过血液、精液、阴道分泌物、乳汁等体液传播。已证实的传播途径有三种:

1. 性传播。通过异性或同性性行为传播。

2. 血液传播。通过共用不消毒的注射器和针具注射毒品、输入含有艾滋病毒的血液制品、使用未经消毒或消毒不严的各种医疗器械(如针具、针灸针、牙科器械、美容器械等)、共用剃须(刮脸)刀及牙刷等传播。

3. 母婴传播。通过胎盘、产道和哺乳传播。

同学们要注意:艾滋病不会通过空气、饮食(水)传播;不会通过公共场所的一般性日常接触(如握手,公共场所的座椅、马桶、浴缸等)传播;不会通过纸币、硬币、票证及蚊虫叮咬而传播;也不会通过游泳池传播。

虽然艾滋病是一种极其危险的传染病,但对于个人来讲是完全可以预防的,其主要预防措施为:

1. 遵守法律和道德，洁身自爱，反对婚前性行为，反对性乱。

2. 不搞卖淫、嫖娼等违法活动。

3. 不以任何方式吸毒，远离毒品。

4. 不使用未经检验的血液制品，减少不必要的输血。

5. 不去消毒不严格的医疗机构打针、拔牙、针灸、美容或手术。

6. 不共用牙刷、剃须(刮脸)刀。

7. 避免在日常工作和生活中沾上伤者的血液。

8. 正确使用安全套有助于避免感染艾滋病。

9. 患有性病后应及时、积极地进行治疗，否则已存病灶会增加艾滋病感染的危险。

知识链接

一、传染病的分类

依据《中华人民共和国传染病防治法》规定，传染病分为甲类、乙类、丙类：

1. 甲类传染病是指鼠疫、霍乱。

2. 乙类传染病是指病毒性肝炎、细菌性阿米巴痢疾、伤寒和副伤寒、艾滋病、淋病、梅毒、脊髓灰质炎、麻疹、百日咳、白喉、流行性脑脊髓膜炎、猩红热、流行性出血热、狂犬病、钩端螺旋体病、布鲁氏菌病、炭疽、肺结核、流行性和地方性斑疹伤寒、流行性乙型脑炎、黑热病、疟疾、登革热。

3. 丙类传染病是指血吸虫病、丝虫病、包虫病、麻风病、流行性感冒、流行性腮腺炎、风疹、新生儿破伤风、急性出血性结膜炎以及除霍乱、痢疾、伤寒和副伤寒以外的感染性腹泻病。

二、预防接种是预防传染病最经济、最有效的方法

以下是几种传染病的预防疫苗品种。

疾病	预防疫苗	疾病	预防疫苗	疾病	预防疫苗
麻疹	麻疹疫苗	风疹 流行性腮腺炎	风疹疫苗 腮腺炎疫苗	乙型肝炎 破伤风	乙肝疫苗 破伤风疫苗
流感	流感疫苗	水痘	水痘疫苗	流脑	流脑疫苗
乙脑	乙脑疫苗	手足口病	尚无可预防疫苗		

模拟训练

● 假如你的一位亲戚患有结核病，探望他时该注意哪些事项？

结核病过去俗称“痨病”，是由结核杆菌主要经呼吸道传播引起的全身性慢性传染病，其中以肺结核最为常见。结核病的传播途径有呼吸道、消化道和皮肤黏膜接触，但主要通过呼吸道传播。容易感染的人群为有密切接触的人群和机体对结核菌抵抗力较弱的人群。

肺结核病人在治疗前有的属于开放性的结核，呈阳性，有传染性，经过治疗后虽然还没有治愈，但能转变为阴性，这时一般就没有传染性了。探望时不要与之有太近的接触，对病毒抵抗力弱的人最好避免与患者接触，在可能的情况下要戴口罩。

交流讨论

1. 大家来谈谈：怎样预防感冒？患了感冒后有什么好的治疗方法？
2. 甲肝病毒携带者会将病毒传染给别人吗？

话题4 突发疾病勿慌乱

引 言

学生在校期间时常会出现突发病，严重时会出现猝死的情况。猝死是指平时似乎健康的人由于潜在性疾病或功能障碍而突然出人意料地死亡。世界卫生组织（WHO）规定：在症状或体征出现后24小时以内死亡称为猝死或急死。

猝死者一般是主要器官有潜在疾病、暴发疾病或为异常体质和过敏体质。猝死可发生在谈笑、看电影、上网、听故事、吵架、饮酒、吃饭、大小便、洗澡、行路、乘车、劳动、吸烟、睡眠等各种情况下；绝大多数死于医院外，少数死于急诊室或住院时。

案例点评

案例1：上海市某校16岁的李某于某年8月30日到网吧上网打游戏，由于连续两天通宵达旦上网，过度兴奋、紧张、疲劳引起剧烈头痛，8月31日凌晨4点多，在无法忍受的情况下，经网吧服务生的指点外出购买止痛药，结果走到网吧大门口就昏迷跌倒在路边，后被警方送往医院抢救，最终因脑出血死亡。

点评：

根据一般医学常识，当常人处于高度紧张的情况下时，人的血液循环会加快，神经系统紧张，心跳加速，生理机能会发生案例中的变化。李某长时间静坐着打游戏，大脑和神经系统始终处于高度紧张状态，持续时间又较长，诱发脑出血而猝死。

案例2：2015年11月13日中午饭后，某技校学生梁某某与隔壁班学生潘某某在教学楼男厕所门口推打，之后被同学劝开。12时10分左右，两人在教室外走廊再次推打，后又被同学拉开。下午2时30分左右，梁某某在上课时突然晕倒，任课老师马上与4名学生一起将其送往校医务室。校医经过诊断后立即给梁某某打了急救针并做胸外心脏按压和人工呼吸，之后医院急救车和医生赶到并开始抢救。当日下午6时许，梁某某因抢救无效死亡。

点评:

情绪激动诱发猝死。对梁某某的死因,在中山大学法医鉴定中心进行鉴定之后,省公安厅做出了对死者家属的信访答复意见:“经复检,死者除右小腿后方有一小块的皮内出血外,尸表其余部位无暴力打击致伤痕迹,可排除机械性暴力打击致死。毒化检验结果可排除常见毒物中毒死亡。”最后结论为:根据死者死前2小时与人发生纷争、互相推打、情绪激动的事实,梁某某的死因为与人纷争、推打、情绪激动等因素诱发猝死。

案例3: 萧山区某学校的操场上,正在上体育课的阿男跑着跑着突然蹲到地上,脸色发白。老师发现阿男的异常情况后立即将其送到医院就诊。虽经急救,但阿男还是在20多分钟后死亡。医生在诊断记录上写下:阿男患有胸腺增生肥大症。

点评:

在事情发生之前,包括阿男的家长和班主任老师在内,没人知道孩子患有胸腺增生肥大症。阿男属特异体质或者患特定疾病的学生,不宜参加一些剧烈活动。如果之前通过体检知道其有身体缺陷,就能有效地加强自我保护,不参加一些剧烈活动,悲剧也许不会发生。

⚠ 安全常识

以上案例说明,学生突发疾病可能会影响到生命安全,而及时、正确的急救措施可以挽救一个人的生命,以下是一些突发病的常见急救方法。

一、中暑

(1) 立即将病人移到通风、阴凉、干燥的地方。

(2) 让病人仰卧,解开衣扣,松开或脱去衣服。

(3) 尽快降低体温,降至38℃以下。

(4) 可饮服绿豆汤、淡盐水等解暑。

(5) 还可服用人丹和藿香正气水。

(6) 对于重症中暑病人,要立即拨打“120”急救电话。

二、急性心肌梗死

遇到这种病人,首先应就地抢救,让病人平躺,保持室内安静,不可经常翻动病人,并注意病人的保暖和防暑。家中如有药物,应给病人口含硝酸甘油或其他可以扩张血管的药物,同时拨打“120”急救电话设法送医院治疗。

三、心绞痛

心绞痛的症状为胸闷、胸痛。家属应让患者静卧，如家里备有速效救心丸，可服用一定量的速效救心丸，还可服用一些扩张血管的药，有氧气袋的也可吸吸氧。这样一来，有些患者病情能自行缓解，对病情无法自行缓解的患者，及时拨打"120"急救电话设法送医院治疗。

四、高血压

急救者应让病人取半卧位，可舌下含服硝苯地平 1 片或复方降压片 2 片，如果病人烦躁不安，可另加安定片 2 片，必要时吸氧。对已昏迷病人应注意保持其呼吸道畅通。病人取平卧位，用仰头举颏法使病人的气道打开。经以上处理后，如果病人的病情仍不见缓解，应迅速送病人入院治疗。途中力求行车平稳，避免颠簸。

五、突发性脑出血

出现脑出血时，病人周围环境应保持安静避光，减少声音的刺激。病人取平卧位，头偏向一侧，脑后不放枕头。将病人领口解开，用纱布包住病人舌头并拉出，及时清除口腔内的黏液、分泌物和呕吐物，以保持气道通畅。用冰袋或冷毛巾敷在病人前额，以利止血和降低颅内压；搬运病人动作要轻。途中仍须不断清除病人口腔内的分泌物、痰液和其他异物，注意保持气道通畅。

六、中风

1. 先让患者卧床休息，保持安静，尽快与急救中心联系。

2. 中风可分为出血性中风和缺血性中风，在诊断不明时不要随便用药，因为不同类型的中风用药各异。

3. 掌握正确的搬运方法：不要急于把病人从地上扶坐起，应两三人同时把病人平托到床上，头部略高，但不要抬得太高，否则会使呼吸道狭窄而引起呼吸困难；转送患者时要用手轻轻托住患者头部，避免头部颠簸。

七、哮喘

病人发作时，应取坐位或靠在沙发上，头向后仰，使呼吸道充分通畅；及时清除口鼻腔内的分泌物、黏液及其他异物；同时鼓励病人多喝温开水，急救者可用手掌不断拍击其背部，促使痰液松动而易于咳出。适当服用祛痰和抗过敏药物，如溴己新、川贝枇杷露、阿司咪唑等。一般不宜服用带有麻醉性的镇咳药。如果经上述处理后病情仍无好转，则应迅速送病人去医院急救。

八、脑震荡

若病人处于昏迷状态，要轻轻地为其翻身，使其呈侧卧位，并记录时间。不可让病人受震动或使病人颈部前屈，尽量使病人保持后仰位置。安静地转送病人至医院脑神经外科。

九、胃穿孔

不要捂着肚子乱打滚，应朝左侧卧于床；拨打"120"急救电话，如果医护人员无法及时到达，但现场又有些简单医疗设备，病人可自行安插胃管。

十、急性胰腺炎

如病人在餐后 1 ~ 2 小时内出现剧烈而又持续的腹痛，并向左腰背部蔓延，伴有恶心、呕吐等症状，可考虑患急性胰腺炎。急救的要领是要求病人完全禁食，并立即送医院。

十一、脑血管疾病

解开病人衣领，让其立刻服药，不要盲目移动病人，不要让病人头位过高，最好平卧，头偏向一侧，用冰毛巾或冷毛巾敷病人额头，并立即送医院。

十二、异物卡住嗓子

如被鱼刺、鸡骨卡住食管，应立即停止进食。异物卡在显眼处时，可用镊子取；如位置较深，应立即到医院处理。

十三、酒精中毒

对饮酒过量导致狂躁症状者，不能使用镇静剂，也不要用手指刺激咽部催吐，因为这样会使腹内压增高，导致肠内物逆流而引起急性胰腺炎。

知识链接

突发疾病时，除了第一时间拨打“120”急救电话外，急救时如果能掌握些知识，对延缓病人的生命可能会起到决定作用。

一、心脏病“动不得”

心脏病突发一般有心绞痛和心肌梗死两种情况。如果已确诊为冠心病的人发生胸闷、气短或胸部压榨性疼痛等症状，在急救人员没到之前，先让病人保持一个舒服的体位，比如半卧位，一定不要乱动。如果有条件，可以让其吸氧。心绞痛病人发病时可舌下含服 1 片硝酸甘油，一般 30 秒到 1 分钟就能见效。如果无效，3 ~ 5 分钟后可再含服 1 片，最多 3 片。

在等待急救车时，如果病人突然倒地，意识不清，面部、四肢抽搐，脸色难看，说明可能要发生心脏骤停了。家属可以迅速让病人仰卧，给其进行一次胸部叩击（拳头距胸部正中上方二三十厘米，用力向下叩击一次）；接着进行心肺复苏，先做心脏按压，再做人工呼吸。

二、脑出血“颠不得”

患有高血压的人容易发生脑出血，一旦发生脑出血，死亡率很高。一开始，患者会出现嘴歪眼斜、说话大舌头等症状。随后，大多数患者会发生突发性昏迷和喷射状呕吐。

等待急救时，可以先让患者侧卧，保持不动，避免呕吐物堵塞气道，千万不要灌药或喝水。为了避免加重脑出血症状，在搬运病人的过程中要尽量少颠簸，最好就近治疗，待病情稳定后再转院。在车辆、担架上时，要保持病人头位于高位，不要晃动（可以用手固定)。同时,还应将患者的头歪向一侧,以便呕吐物流出。

三、脑血栓“慢不得”

缺血性脑中风,俗称“脑血栓”。发病后的6小时内施救尤其重要,一旦超过6小时,就失去了药物治疗的最佳时机,患者可能会因为脑组织缺血时间过长而发生各种中风后遗症。

发现病人有言语不清、肢体轻瘫或发麻的症状时,一定要在第一时间打急救电话,及时送到医院进行详细诊断,看是不是有脑出血的情况。在等待救护车的时候,家属可以让病人平躺,别枕枕头,更不要贸然用药。如血压太高,可以吃一些降压药。

四、哮喘“背不得”

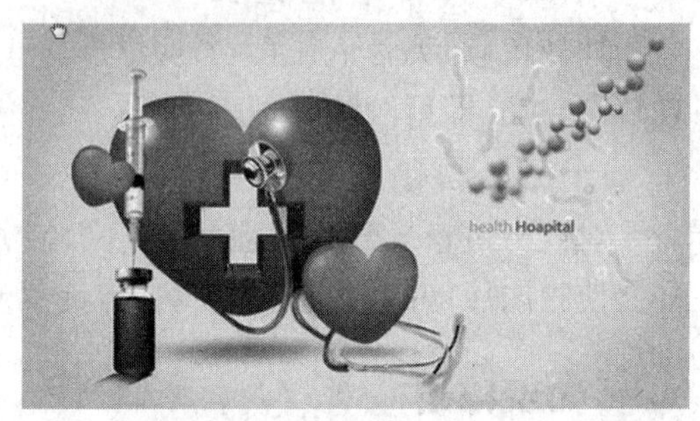

哮喘是冬季多发的一种凶险疾病,病情进展很快。支气管哮喘病人发病时,首先要服用平时用来缓解病情的药物,比如气喘喷雾剂,同时取半坐位吸氧。

如果发生心脏性哮喘,发病时血压高,可服用硝酸甘油1片,无效可再服1次。然后,使病人采取坐位,最好让双脚垂下。同时,解开病人衣领扣,放松裤带,及时清除口腔内的痰液,有条件的可以让病人吸氧。搬运患者时,不要用背的方式,以免引起呼吸、心搏骤停。

模拟训练

● 课外活动期间,一位同学在跑步时突然晕倒,你该如何处理?

1. 立即将该同学移到通风、阴凉、干燥的地方休息。
2. 在第一时间请求附近的老师帮忙,如有必要应立即拨打“120”急救电话。
3. 请有经验的老师或同学实施现场急救。
4. 到医院进一步诊断病情。
5. 及时向学校领导和家长汇报情况。

● 假如当时你在场,该如何采取有效的急救措施?

1. 拨打“120”紧急呼救。

2. 保持病人呼吸道通畅。将病人抬至通风的地方,解开衣领扣子;戴假牙的病人一定要取下假牙;使病人处于仰卧体位,躺在坚固的平(地)面上;用手按压病人额头并稍加用力,另一只手的食指和中指置于病人下颌将其上提,使患者头部后仰以保持气道通畅。

3. 人工呼吸。救护者深吸一口气,用压病人额头的拇指、食指捏住病人鼻孔,双唇将病人嘴包严,再进行口对口吹气。每吹气一次,就放开捏病人鼻孔的手,使其将气呼出。救护者侧转头,吸入新鲜空气,并观察病人胸部起伏情况,再进行第二次吹气。一般以吹气后病人的胸廓略有隆起为宜。

4. 胸外按压。就是在体外对心脏区域胸廓施加压力，促使心脏工作，维持血液循环。这里要特别指出，应将病人置于硬板床或平整地面上，否则将会影响急救效果。

具体做法是：将手的中指对着病人颈部下方的凹陷处，手掌贴在胸廓正中，另一只手压在此手上，两手掌根重叠，手指相扣，手心凸起，离开胸壁，两臂伸直垂直向下压，使胸廓下陷3～5厘米，然后放松，反复进行，以每分钟100次为宜。胸外按压和人工呼吸同时进行时，以每按压30下吹气2次为宜。

交流讨论

1. 突发疾病的一般处理原则是什么？
2. 谈谈建立学生疾病申报制度的必要性。

专题三　同学间的交往

话题5　人身伤害要预防

引　言

暴力犯罪是普通刑事犯罪中较为严重的一种，目前，职业学校学生的人身伤害问题日益突出，不仅对社会造成了严重危害，同时，犯罪学生自身也是最大的受害者。对于这些青春年少的学生，人们在扼腕痛惜的同时，也在思考如何使其远离犯罪。

案例点评

案例1：某技工学校学生杨某和张某是同班同学，他们之间曾经发生过矛盾。一天，杨某对张某说："等一下，我们一起回去。"张某就以为杨某要打他，于是他就去叫了所谓讲义气的同学石某、王某等6人，一起商议如何对付杨某，然后尾随杨某，其中一人向杨某挑衅，而杨某当时可能因为人少，对其未加理睬。但后来杨某却纠集了10多个人，拦在路上向张某这方挑衅，接着双方互相殴打，最后张某这方的一名同学头部受到严重打击，被打成重伤。

点评：

同学间的打架斗殴往往是因为学生在交往、相处或参与各种活动时，彼此之间发生了小的矛盾纠纷或是冲突，没有理性克制，而是以较为刚性甚至是挑衅的语言指责、刺激对方，继而拳脚相向，大打出手，有的学生甚至纠集社会人员加入群殴中，最终酿成较严重的后果。本案例的严重后果就是张某、杨某等人的不理智、不顾后果所造成的。因此，学生在日常学习生活中，面对与同学发生的各种纠纷，都应积极主动寻求文明礼貌、合理合法的方式妥善解决，而不应通过打架，甚至聚众斗殴的方式解决，以免造成他人和自己的身体伤害。否则，其后果只能是害人害己，并将受到校规校纪处分，甚至要受到法律的严惩。

本案是一起聚众斗殴事件，案件中有三人因在聚众斗殴中故意伤害他人致人重伤，构成了故意伤害罪，《刑法》规定对故意伤害他人造成重伤者要处以 3 年以上 10 年以下有期徒刑。而案件中因为讲义气出手帮忙的同学，同样也受到了不同程度的处罚。

案例 2：17 岁的魏某因犯故意伤害罪被判刑，这是交友不慎造成的。据魏某自述，他在同学的生日宴会上认识了出手大方的王大哥，王大哥经常请他去餐馆吃喝，带他去网吧上网。魏某的父母工作繁忙，没时间陪他，王大哥成了魏某的好朋友和崇拜的偶像。一天，王大哥突然对魏某说："有一个小子总跟我过不去，我不便出面，你替我教训教训他，反正他也不认识你。"被王大哥这么一蛊惑，原本老实听话的魏某为了哥们义气便答应帮忙，手拿木棒朝那个人的头上猛击一棒，导致那个人头部受了重伤。

点评：

案例中魏某为了哥们义气做出了违法犯罪的事。近朱者赤，近墨者黑，青少年一定要慎择友，择良友。面对朋友的要求，必须保持头脑清醒，以法律和道德为标尺进行衡量，三思而后行，不可随意迁就，否则会铸成大错。青少年要树立法制观念，增强法律意识，提高自我的预防犯罪能力，时刻珍惜现在所拥有的幸福、自由和快乐的生活。

案例 3：某技校学生小乐，他那 1.80 米的个头在班上可谓出类拔萃，许多同学都自愧不如。小乐平时自认为已长大成人，便处处以大人自居。16 岁生日那天，他从父母那要了 600 元钱，把几个要好的同学请到饭店，借生日之机潇洒起来了。开始时，大家还比较拘束，当有一位同学提议一起唱歌时，大家连声附和。于是，一伙人一边乱哄哄地唱歌，一边用筷子敲碗，用脚使劲蹬地板，当服务员进来劝大家声音轻一点、动作文雅一点时，小乐把眼珠子一瞪：“老子付钱喝酒，敲坏东西我赔。”一句话把服务员气得半死。不一会，经理走了进来，他刚想发话，便被小乐一把抓住衣领死命往外推。经理反抓住小乐的衣服，请小乐一伙人出去。正在此时，不知谁大喊一声：“经理有什么了不起？今天就给你点 Color See See。”小伙伴们应声而上，你一拳、我一脚，把经理打得趴在地上，有人还趁机摔酒瓶、砸盘子。服务员一见不好，连忙拨打“110”报警电话，警察及时赶到，事情才平息下来。后经法医鉴定，经理肋骨挫伤，牙齿脱落一颗，身体多处受伤；同时，警察还查明饭店损失财物价值3 000余元。鉴于小乐等人在公共场所寻衅滋事，破坏社会秩序，造成一定的财产损失和人身伤害，公安机关对小乐等人依法予以刑事拘留。

点评：

这是一起寻衅滋事案，在现实生活中时有发生。所谓寻衅滋事，是指在公共场所无事生非、起哄闹事、殴打伤害无辜、肆意挑衅、横行霸道、毁坏财物、破坏公共秩序，情节严重的行为。小乐等人在公共场所无事生非、起哄闹事，扰乱公共秩序，还造成了他人受伤以及财产损失等后果，是典型的寻衅滋事行为。小乐等人殴打经理、砸坏饭店财物，并不是因为与该饭店有冤仇，主要还是因为这些青少年想要通过暴力的方式寻求精神刺激，逞能耍酷，从而造成了无法弥补的后果。

安全常识

一、学生打架斗殴、寻衅滋事等故意伤害他人行为的危害

1. 扰乱学校正常的教育、教学秩序，影响同学们正常的学习和生活。

2. 严重影响当事人的身心健康。打架斗殴是一种典型的故意伤害行为，加害者以故意损害他人身体健康为目的，所以打架斗殴的结果往往是使受害者身体损伤，遭受伤痛的折磨，甚至造成残疾。对加害者来说，可能会引起他无尽的自责、仇恨的加深，有的甚至会自暴自弃，走上一条自我毁灭的道路。

3. 给加害人的家庭造成巨大的经济负担。人的生命和健康是无价的，可以说，以损害他人生命和健康为目的的打架斗殴行为，其后果往往是要支付巨额的赔偿。

二、学生故意伤害他人的主要原因

1. 个人行为霸道引起打架斗殴。我们可以看到这样的现象：有的同学看见某某同学老实，就开始动手欺负一下，结果这位同学没有反抗。后来，由于这种行为和现象没有得到及时的纠正，结果欺负这位同学的人渐渐增多。有的同学发展到指使别人买东西、命令别人为自己做一些小事等，欺负别人的心理逐渐膨胀、扭曲、变态，麻烦由此产生。

2. 不良嗜好、高消费引起打架斗殴。受社会不良习气的影响，学生容易模仿电视、电影中的抽烟、喝酒行为。如果家长和学校管理不严、防范不力，少数学生就会上瘾。有的

学生为了尝试吞云吐雾、醉生梦死的体验，不惜铤而走险、以身试法。

3. 语言行为粗鄙引起打架斗殴。有的学生不注意自己的言行，语言污秽，行为粗鲁，不以为耻，反以为荣。在同学中由三言两语引起的冲突并不少见。

三、在日常生活中应当如何加强自我保护

1. 增强法律意识，提高明辨是非的能力。要多学点法律知识，弄明白什么是违法、什么是犯罪，只有明白了这些，才有可能使自己不做违法犯罪的事，同时也才有可能制止他人违法犯罪。

2. 增强同犯罪分子做斗争的勇气。为什么校园犯罪屡禁不绝？一个重要的原因是同学们没有团结起来，缺少同犯罪分子做斗争的勇气。例如，有5个犯罪分子侵入某学校学生宿舍抢劫，五六十个学生面对5个犯罪分子的暴力威胁竟然会束手无策，让他们得逞，原因就是在场的学生因犯罪分子的暴力而屈服。

3. 掌握防卫方法。一是要看好自家门，宿舍门要随时关好，钱财要妥善保管；二是要及时报告，一旦自己或者同学遇到不法侵害，或者同学有什么不良的动向，要及时向学校老师或者保卫科报告，让老师介入处理；三是外出要请假，夜行要结伴，让同学、老师知道自己的去向，防止犯罪分子得逞。

知识链接

一、伤害他人如何定罪

故意伤害罪，是指侵害他人的身体健康，采用暴力殴打、用刀具器械砍刺等方法，造成他人轻伤、重伤、伤残等。根据我国《刑法》规定，故意伤害他人身体的，处3年以下有期徒刑、拘役或者管制。致人重伤的，处3年以上10年以下有期徒刑。致人死亡或者以特别残忍手段致人重伤造成严重残疾的，处10年以上有期徒刑、无期徒刑或者死刑。

我国《刑法》第293条规定：有下列寻衅滋事行为之一，破坏社会秩序的，处5年以下有期徒刑、拘役或者管制：随意殴打他人，情节恶劣的；追逐、拦截、辱骂他人，情节恶劣的；强拿硬要或者任意损毁、占用公私财物，情节严重的；在公共场所起哄闹事，造成公共秩序严重混乱的。

二、如何正确区分打架还手和正当防卫

我国《刑法》第20条规定：为了国家、公共利益、本人或者他人的人身、财产和其他权利免受正在进行的不法侵害，而采取的制止不法侵害的行为，对不法侵害人造成损害的，属于正当防卫，不负刑事责任。正当防卫明显超过必要限度造成重大损害的，应当负刑事责任，但是应当减轻或者免除处罚。对正在进行的行凶、杀人、抢劫、强奸、绑架以及其他严重危及人身安全的暴力犯罪，采取防卫行为，造成不法侵害人伤亡的，不属于防卫

过当,不负刑事责任。

打架斗殴中,任何一方对他人实施的暴力侵害行为,两人及多人打架斗殴,一方先动手,后动手的一方实施的所谓反击他人侵害行为的行为,不属于正当防卫。最佳的解决方法是学生应及时报告老师,在校外时可以报警。

模拟训练

● 同学们在日常生活中应如何应对校园暴力?

1. 遇到校园暴力,一定要沉着冷静,采取迂回战术,尽可能拖延时间。
2. 必要时,向路人呼救求助。
3. 人身安全永远是第一位的,不要去激怒对方。
4. 顺从对方的话去说,从其言语中找出可插入的话题,缓和气氛,分散对方注意力,同时获取信任,为自己争取时间。
5. 上学和放学尽可能结伴而行。
6. 穿戴用品尽量低调,不要过于招摇。
7. 不主动与同学发生冲突,一旦有冲突及时找老师解决。

交流讨论

1. 试分析暴力犯罪的原因。
2. 讨论“近朱者赤,近墨者黑”。
3. 谈谈校园周边环境综合整治的必要性。

话题6 财产安全警惕高

引 言

青少年是祖国的未来，是民族的希望，学校则是青少年学习知识、提高素质的地方，应该是一片净土。但近年来，由于各种因素的影响，发生在校园里的犯罪事件呈不断上升的趋势，而且大多集中在针对人身和财产的犯罪，在盗窃、抢劫、敲诈勒索等犯罪中，结伙进行的共同犯罪案件为数甚多，影响了学校正常的教学秩序，危害到学生的生命、财产安全。

案例点评

案例1：一天，学生曾某、林某、陈某、李某到尤溪县城的夜市喝酒，其间曾某提议到某中学敲诈点钱。次日凌晨1时，曾某、林某等人分乘两辆摩托车到某中学，从围墙断裂处进入该校学生宿舍楼。他们从该宿舍楼地下室取木棍上楼，李某、陈某将上衣脱下蒙住脸部，林某手持一条皮带，他们相继进入6间学生宿舍，对宿舍内的学生采取拳打脚踢、棒打等方法进行抢劫，李某负责收钱，四人共抢得人民币250元、手提包1个、手表2块、衣服等。案发后，四人分别被判处6年、4年不等的有期徒刑，并处罚金。

点评：

在此案中，行为人在客观上表现为对财物的保管者、所有者使用暴力、胁迫或其他方法，迫使其交出财物；在方法上，实施暴力，公然对被害人的身体实施打击或者强制，例如，捆绑、殴打、禁闭等，严重威胁他人的生命、健康安全；在主观上，是有意采用暴力手段，夺取钱物，并以非法占有为目的。故四名学生的行为已触犯了刑律。根据我国《刑法》规定，犯抢劫罪的，要判处3年以上有期徒刑并处罚金。

案例2：晚上7时许，刑警二中队侦查员依照刑警大队的统一部署，在学生放学后，在校园周围进行巡查。在巡查期间，侦查员发现三名少年形迹可疑，每人都随身携带一个大书包。侦查员们立即上前盘问，并从其书包内发现多部学生使用的电子词典以及饭卡、手机等物。经查，犯罪嫌疑人阎某、张某、田某三人都是某技校学生，6月份以来，三人多次潜入校园，趁中午学生放学，教室无人之际，从窗户跳进教室盗窃学生物品，共作案13起，涉案金额3 000余元。

点评:

这起教室盗窃事件,不仅使失窃的学生蒙受直接的经济损失,而且影响学生的情绪,扰乱了学生正常的学习和生活秩序。因此,同学们要增强防范意识,切不可大意。

案例3:学生小李法律意识淡薄,虽然家庭条件较好,但是父母管教较严,平时父母给他的零花钱也不是很多,所以当他看到他的同学用钱大方时,心里不禁产生一种自己不如他人的想法。一次,他在一部警匪片中看到一个匪徒利用恐吓信向一个富豪人家敲诈巨款,在一次得手之后沾沾自喜的情形,于是蠢蠢欲动,萌生了利用这种方法弄点钱用用的想法,心想反正能敲诈成功最好,敲诈不来也无所谓。于是他说干就干,马上就到店里买来信纸和笔,躲过父母亲,在自己房间里写好了一封恐吓信,主要内容是自己生意资金紧张,要求对方于某月某日拿6万元人民币到某某地点,不然对方全家难逃活命。他特意骑自行车到城关镇某别墅区去寻找目标,在转到一家比较豪华的别墅时,他趁无人看见之际,将写好的信件塞进别墅门里,然后若无其事地赶去学校上课。之后,在指定日期的那天,由于学校要考试,时间来不及,天气也不好,他就没有去指定地点取钱。他认为失去了一次机会,于是又开始第二次冒险,采用同样的方法将一封写好的敲诈信件塞进了另一户豪华别墅,但由于各方面的原因,最终还是没有成功。一个在校生,为什么要向他人敲诈数额这么大的钱财?他的回答是:只是为了不让对方怀疑他还是一个年纪这么小的学生,想让人家误以为是做生意的成年人,这只是为了制造一种假象,转移视线而已。

点评:

敲诈勒索罪是数额型犯罪,虽然在本案中小李没有得到分文,但是他的行为已触犯了《刑法》——采用威胁的方法,向他人勒索钱财,构成敲诈勒索罪,且数额特别巨大,司法机关将按他提出的数额来定罪处罚,他必须走上被告席去接受法律的审判。虽然他中间自动放弃犯罪,应当减轻或免除处罚,但毕竟这也是他人生道路上的一个污点。青少年学生正处于成长发育阶段,生理、心理都不十分成熟,加上社会阅历浅,所以是非观念较差,容易通过模仿去从事违法犯罪活动,也容易被人利用。因此,在校生应当增强法制意识,绝对不能像案例中的少年那样铤而走险,以身试法。

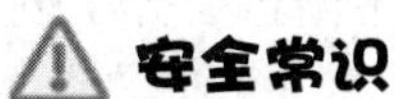

一、在校学生走上财产性犯罪道路的原因

1. 在校学生正处于人生转型期，思想尚不成熟，社会阅历较浅，辨别是非能力较弱，容易走上犯罪道路。学生的模仿能力较强，看到社会上的犯罪现象亦有样学样，当自己有需要的时候，就会抱着侥幸、好奇的心理去尝试，导致犯罪。

2. 在校学生缺乏法制知识。其实在很多学生抢劫案件中，学生本身并没有意识到自己的行为已经触犯了《刑法》，他们只是觉得自己这样只不过是“借点钱或拿点钱”来花，没有什么不对。在他们心里，法律离他们很远，有人甚至认为他们的一生都不会和法律有任何关系。由于种种原因，一些学生不学法，不懂法，对自己的行为缺乏基本的分辨能力，以致在不知不觉中走上了犯罪道路。

3. 受拜金主义的影响。在市场经济制度下，拜金主义思想冲击着学生的心灵。“一切向钱看”“金钱是万能的”“有钱能使鬼推磨”等拜金主义思想成了有些学生的生活信条和行为准则。有些学生把追求金钱当作人生的最大目标，在这种价值观下，当金钱欲望极度膨胀时，由于没有经济收入，家里给的生活费往往不能满足其需要，所以为满足物质欲望，有的学生敢于触犯法律，不惜损害他人利益，以诈骗、盗窃、抢劫等犯罪手段获取钱财。更有的在初次作案得手之后，侥幸心理得到强化，产生了更加贪得无厌的欲求，从而导致了犯罪的连续性。

4. 交友不慎，讲究兄弟义气，不懂拒绝。有些学生起初可能并没有犯罪意识，但在好友的唆使下，有些因为不懂拒绝而答应，而有些则因讲义气不好意思拒绝，糊里糊涂参与了犯罪。帮助他人、助人为乐是做人的美德，但是为了哥们义气去触犯法律，最终只能是一失足成千古恨。友谊是人生的美酒，能使我们的生活更美好，但“近朱者赤，近墨者黑”，和好的朋友在一起，互相学习，互相促进，有利于共同进步；若是和不良的朋友在一起，反而容易受到不良的影响。面对他人包括朋友的要求，必须保持头脑清醒，以法律和道德为标尺进行衡量，三思而后行，不可随意迁就，否则就可能会铸成大错。

5. 一些学生缺乏正确的世界观、人生观、价值观和道德观，没有远大抱负，追求吃喝玩乐，养成了不良习惯，如赌博、抽烟、喝酒等，导致因缺钱而犯罪。

6. 一些学生心理不平衡导致财产性犯罪。一些家庭贫困的学生看到富人家的孩子大手大脚，出手阔绰，要什么有什么，难免心理失衡，产生仇富心理。有些富人家的孩子歧视、不公平对待穷人家的孩子，以致这些学生的自尊心严重受损。为了不让同龄人瞧不起，为了要面子，有些学生便走上了盗窃、抢劫等犯罪道路。

二、为防患于未然，建议学生要做到以下几点

1. 增强防范意识。不管是遭遇过失窃的，还是没有遭遇过失窃的，都应该从中吸取教训，增强自身的防范意识。

2. 不要将现金、手机、饭卡、贵重用品和书籍留在教室，要随身携带，不给盗窃分子创造任何机会。

3. 放学后最后离开教室的同学要锁好门，也可以指定专人负责开门、锁门这项工作。

4. “亡羊补牢，犹未晚矣”，只要同学们切实地增强自己的防盗自保意识，盗窃分子的行为就不会得逞。

知识链接

一、盗窃罪

盗窃罪是指在未得到他人许可的情况下，以自以为不会被他人及时发觉的方式取得财物或其他物质的行为。这是一种最古老的侵犯财产犯罪，几乎与私有制的历史一样久远。

盗窃罪侵犯的客体是公私财物的所有权。所有权包括占有、使用、收益、处分等。这里的所有权一般指合法的所有权，但有时也有例外情况。《最高人民法院关于审理盗窃案件具体应用法律若干问题的解释》规定：盗窃违禁品，按盗窃罪处理的，不计数额，根据情节轻重量刑。盗窃违禁品或犯罪分子非法占有的财物也构成盗窃罪。

二、抢劫罪

抢劫罪是以非法占有为目的，对财物的所有人或者保管人当场使用暴力、胁迫或其他方法，强行将公私财物抢走的行为。所谓暴力，是指行为人对被害人的身体实行打击或者强制。较为常见的有殴打、捆绑、禁闭，甚至杀害。这里的胁迫，是指行为人对被害人以立即实施暴力相威胁，实行精神强制，使被害人恐惧而不敢反抗，被迫当场交出财物或任财物被劫走。这里的其他方法，是指行为人实施暴力、胁迫方法以外的其他使被害人不知反抗或不能反抗的方法。凡年满 14 周岁并具有刑事责任能力的自然人，均可能构成抢劫罪的主体。

本罪侵犯的客体是公私财物的所有权和公民的人身权利。抢劫犯最根本的目的是要抢劫财物，侵犯人身权利只是其使用的一种手段。无论犯罪嫌疑人是否取得财物，也不论被抢财物价值的大小，只要是以非法占有为目的并当场采取暴力或暴力相威胁手段，就构成抢劫罪。“数额特别巨大”和“致人特别严重伤残或死亡”是本罪从重处罚的两个情节。

模拟训练

● 假如遇到抢劫，你该怎么办？

英国作家笛福说："人的最高智慧就是适应环境和反抗外来威胁的本领。"我们每个人都有这种潜在的能力，而这种能力要靠我们在日常生活中学习和加强，一点一滴积累起来。

1. 遇事要多动脑筋。要避免被人引到僻静处后被威胁抢钱。

2. 要懂得报警。青少年正在成长阶段，力量小，反抗能力弱，遇到抢劫的时候要懂得报警，使自己获得救援。比如，可以在事情发生的时候寻机报警，也可以在事后及时报警。在校外，可以打"110"报警电话；在校内，可以向保卫人员和老师求助。这样才可以有效地保护自己免受侵害，而使违法犯罪的人受到应有的惩罚。

现在，许多学生被抢以后，大多数是回家去告诉父母，而很少会及时到司法机关报案，甚至许多家长都没有这种意识。有的家长甚至还特意在孩子身上多放点钱，以免孩子被抢时因拿不出钱而遭到殴打。这确实让人感到非常惊讶。要知道，罪恶不会在沉默中消失，只会越来越嚣张，所以碰到不法侵害时，要及时求助于司法机关。

3. 要学会脱离险境。曾经有个学生在放学时碰到两个陌生人，被这两个陌生人夹着往偏僻的小巷走，这个学生很机智，看见远远走来了一位中年人，就高声叫："二叔，我在这。"中年人都还没反应过来，那两个坏小子已经跑得没影了。事后，这个学生还报了案，那两个坏小子也进了看守所。

4. 这是最重要的一点，就是注意保护自己。在遇到抢劫等不法侵害的时候，激烈反抗和搏斗并非良策，我们决不赞成在力量悬殊的情况下与罪犯搏斗。见义勇为是一种高尚的品质，但对未成年人来说，一定要注意方式方法，决不能逞强好胜。

交流讨论

1. 如何认识"小错不断，大错必犯"的哲理性？

2. 如何看待见义勇为？

话题7 交友适度防性侵

引言

青少年恋爱问题已日益受到家庭、学校、社会的关注。近年来，青少年恋爱现象较为普遍，如何正确认识和对待这一日益突出的问题，令不少教师和家长深感困惑和棘手。加强学生青春期性教育，可以有效避免性暴力和性犯罪。

案例点评

案例1：某职业学校三年一班班长小钱，长相俊朗，学习优秀，热爱运动，为人热情，经常帮助同学。一天，他收到同班女生小田写给他的表白信，女孩头发乌黑，对人和气，笑起来如春风拂面。小钱其实对女孩也很有好感，但他又不想过早恋爱，只能置之不理，他觉得这样做既不会伤害女生，也不会使自己面对尴尬的处境。但想不到，一段时间后，小田来信约他出去游玩。小钱依约见了小田，并请她吃了顿简单的午餐。期间，小钱谈了自己的求学计划和未来的发展规划，并希望小田能把这段美好的经历作为最珍贵的记忆收藏起来，把更多的精力投入到对未来职业的追求上。小田看着侃侃而谈的小钱，放下了求爱之心，认真思索起自己的未来。

点评：

每一位进入青春期的少年少女，随着生理的逐渐成熟，开始关注异性，并希望了解他们，与他们交往，这是一种正常的心理现象，应该正确对待。但青春期的爱情很浪漫，也很脆弱，往往经不起岁月的风吹雨打。当爱情来的时候，处于青春期的少男少女会茫然无措，会因顾及对方的情面，不敢拒绝对方。案例中小钱的做法就很理智，也很妥当。不管青春期的感情如何，它始终是人生中无法忘记的一段经历。

案例 2： 长春某中专学校女生小语，20 岁，经常上网聊天，并认识了网友小龙。两人聊得非常投机，并视频过几次，从此两人关系迅速升温。8 月份的一天，两人相约见面并发生了关系。之后小语躲避了小龙，不再联系，却发现自己意外怀孕，并在九个月后在学校厕所产下一名男婴，孩子出生时被慌乱的小语扔出窗外，摔死在宿舍楼下，小语也因此涉嫌犯故意杀人罪走进铁窗。自始至终小语都不知道网友小龙的真实身份。

点评：

小语和并不熟悉的网友小龙发生关系，意外怀孕生子，自己承受了很大的压力，因为害怕学校或者家长知道，所以把孩子扔到了楼下。如果孩子出生之后，她能够冷静地想一想，悲剧或许就不会上演。如果未婚女生发现自己怀孕，可以及时告诉家长，也可以到少女救助中心或其他正规的医疗机构寻求帮助，那里有专业的医生可以提供帮助。客观地讲，小语的遭遇令人同情，但是她确实触犯了法律，应该受到法律的制裁。

案例 3： 在昌平一所中专学校念书的 16 岁女学生黄某通过 QQ 与 41 岁的男子宋某相识，很快两人便确定了男女朋友关系。交往期间，宋某时常给黄某一些钱。不久，为了拉拢生意伙伴路某，宋某要求黄某介绍自己的同学卖淫。迫于宋某手中掌握着两人的性爱视频，而且觉得自己又可以借此机会赚钱，黄某便答应了男友的要求。

黄某将同学罗某介绍给路某后，罗某得到了 2 000 元的报酬，作为“中间人”的黄某也拿到了相应的好处。罗某遂又开始和黄某一起劝说其他同学卖淫。为了拉拢同学，她们谎称自己在社会上得罪了人被追杀，只有介绍同学供他人嫖宿才能免于被害。同学庄某、牛某相信了两人的说法。之后，在闲谈中庄某得知黄某所谓“得罪了人被追杀”原来只是谎言，当即将同学引诱其卖淫的情况告诉了父母。接到庄某父母报警的昌平警方通过调查将宋某等人抓获。

点评：

不法分子往往会利用年轻学生缺乏社交经验、防范意识较差等弱点，通过各种手段设计圈套进行诱骗，并与其发生两性关系。在此，提醒广大学生在人际交往时切莫贪图钱财、作风轻浮。遇到性侵害时应尽量趁机逃跑，及时报警。

⚠ 安全常识

一、在校生过早恋爱的危害

1. 影响生理发育。青少年正处于生理发育的旺盛期，并未完全成熟。因为人的情绪状态会影响内分泌，早恋的青少年常把握不住自己的情感，起伏波动大，易产生一些莫名的烦恼，导致精神不佳、心悸、头痛、失眠等，从而影响身体健康发育。

2. 影响心理发展。青少年的心理发展最旺盛又最脆弱，情绪容易激动，对自己喜爱的对象和活动极其狂热，而又缺乏冷静思考，容易受伤害。他们恋爱时或乐不可支，或痛不欲生。早恋还可能影响正常的人际交往，因为爱情是自私的，尤其是青年学生对爱情的理解尚不全面，自制力差，一旦与某人建立了恋爱关系，很可能就会认为对方只能与自己一个人交往，当看到对方与别人交往时，往往有可能控制不住自己的情绪，从而做出伤害对方及他人之事，自己也受到极大伤害。

3. 影响学习和生活。早恋往往会给学习造成干扰，因为恋爱会使学生精力分散，注意力不集中，兴趣转移，情绪不稳定。早恋的学生时常处于担心因违纪被学校处罚和感情的发展不能自控的矛盾冲突中，行为总是偷偷摸摸、躲躲闪闪，精神处于高度紧张状态，怎么还有心思学习？常常是人在教室心在外。尤其是女生，情感细腻敏感，恋爱往往会使其不能全身心投入学习中。还有的学生在恋爱中有强烈的幸福感，常幻想、规划未来，并希望一次成功，因此非常投入，不惜以牺牲学业、违反校规为代价，结果顾此失彼，最后导致两头落空。

4. 影响正常的恋爱生活。爱情被称为人生大事，可见它在人生中非常重要。可是青少年由于涉世不深，阅历不足，生活经验欠缺，对社会缺乏足够的了解，往往感情胜过理智。青春期少男少女谈恋爱，可以说都是在身心都很不成熟的情况下进行的，加上青少年没有经济基础，其经济来源多半是父母，因此，这种爱没有什么牢固的根基，是很容易中途夭折的。

5. 早恋有可能导致犯罪。耍流氓、斗殴、盗窃等社会现象的发生，有很大一部分与学生的早恋有关。有的学生年轻气盛，不肯轻易吃亏，特别是在女朋友面前更不愿意丢脸，他们往往会因为有人对自己的女朋友说了一句不礼貌的话或做出了一个不雅的举动而丧失理智，大打出手，甚至聚众斗殴，以显示自己的本事，从而违法犯罪。另一方面，学生恋爱还需要物质上的保证，但父母所能提供的一点零花钱又往往满足不了需要，这时，恋爱中的学生就容易误入歧途，产生偷、骗、抢的念头，一旦控制不住会导致犯罪。

二、男女交往应当注意把握尺度

男女生交往大部分都是出于友谊，有的是为了丰富自己的生活，锻炼自己的社交能力、适应能力；有的是由于感到情感上孤独，想找个知己倾诉；有的女孩由于父亲关心不够便找个男友，实际上她的潜意识里是要寻找一种父爱。这种心理需求是可以理解的，但交往一定要适度。希望男女生都学会大大方方地和异性交往。男女生交往中言谈举止要大方，符合青少年的道德规范，交往尺度要把控好，不要单独相约，以免一时冲动，发生不应该发生的事，造成不良后果。尤其是女生要学会自我保护。

男生在与女生交往时应做到以下四要：一要理解女生的生理和心理特点；二要主动关心和帮助女生；三要有责任感；四要遵守道德规范，有自制能力。

女生在与男生交往时也应做到以下四要：一要举止端庄、大方、得体、持重；二要避免过分的接触与玩笑；三要理智地谢绝异性的过分要求；四要敢于反击异性的挑逗与侵害。

三、女生出行交往更应注意安全

1. 夜间行走要保持警惕。要走灯光明亮、往来行人较多的大道。对于路边黑暗处要有戒备，最好结伴而行，不要单独行走。如果走校外陌生道路，要选择有路灯且行人较多的路线。

2. 女生外出时，最好结伴而行，遇到陌生男子问路时不要为其带路，向陌生男子问路时不要让他带路。

3. 不要穿过分暴露的衣衫和裙子，短裙过膝，上衣要包肩、非低胸、不露腰，不要穿行动不便的高跟鞋。

4. 不要搭乘陌生人的机动车、人力三轮车或自行车，防止落入坏人的圈套。

5. 遇到不怀好意的男性挑逗，要及时斥责，表现出自己应有的自信与刚强。如果碰上坏人，首先要高声呼救，假使四周无人，切莫慌张，要保持冷静，利用随身携带的物品或就地取材进行自卫反抗，还可采取周旋、拖延时间的办法等待救援。

6. 一旦不幸遭受侵害，不要丧失信心，要振作精神，鼓起勇气同犯罪分子做斗争。要尽量记住犯罪分子的外貌特征，如面貌、体型、语言、服饰以及特殊标记等。要及时向公安机关报案，提供证据和线索，协助公安部门侦查破案。

知识链接

下面再让我们了解一些发生在校园中的性侵害形式。

一、暴力式侵害

主要是指侵害主体采取暴力手段、语言恫吓或利用凶器进行威胁，对女同学实施性侵害的行为。暴力侵害的主体比较复杂，有的是社会上的犯罪分子，混入女生宿舍或校园内偏僻处伺机作案；也有的是以抢劫、盗窃为目的，见有机可乘或因受害人处置不当而发展为暴力犯罪；还有的是因恋爱破裂或单相思而走向极端，发展成为暴力式侵害，这种方式会对被侵害对象造成很大伤害，甚至致死。

二、流氓滋扰式侵害

主要是指社会上的流氓结伙闯入校园寻衅滋事，或是某些品行不端正的人员在变态心理的驱使下对女同学进行的各种性骚扰。这些人对女同学的侵害方式，多为用下流语言调戏，以推拉撞摸方式占便宜，往女同学身上扔烟头，做下流动作等。如在夜间，在女同学孤立无援或处置不当等情况下，也可能发展为暴力侵害。

三、胁迫式侵害

主要是指某些心术不正者，或是利用受害人有求于己，或是抓住受害人的个人隐私、某些把柄进行要挟、胁迫，使其就范。

四、社交性强奸

这种犯罪行为的主体多是受害人的相识者。加害人往往因同事、同学、师生、老乡、邻居等关系与受害者有社会交往，利用机会或创造机会把正常的社交引向性犯罪。受害人身心受到伤害后，往往还出于各种顾虑不敢揭发。

模拟训练

● 收到了他人的“爱慕”信后怎么办？

1. 要正确对待，必须明确，此情暂不宜接受。如前所述，这一时期的青少年世界观尚未定型，前途未定，可变性还很大，最终恋爱成功的可能性极小。从情感上说，大都是一时的冲动，难以持久；在意志上，自制力差，易感情用事做出越轨的事情；从经济上看，远未具备恋爱的经济基础；从精力和时间上看，必然出现与学习争精力、争时间的矛盾，最终牺牲学习，从而影响前途。由此可见，无论从哪个方面看，都不宜贸然接受人家轻率抛来的绣球，自己应态度明确，观点鲜明，立场坚定。

2. 要妥善解决，一般宜注意保护对方的自尊心，珍惜友谊。不宜轻易嘲讽、训斥、谩骂对方，或随意报告老师，向同学公开，使人家难堪。这样是不理智，也是不文明、缺乏修养、不尊重人的表现。最好是若无其事地进行冷处理。对方写信、递纸条多半是在一时的感情冲动之下进行的一种试探，对此，自己不妨装作若无其事的样子照常与之正常交往，既不过于疏远和回避，也切不可过于热情、亲近，可略冷淡，让对方了解自己的心意。这样既不伤害对方，也让对方知道自己只是一厢情愿。如果对方不知趣，或者不了解你的心意，仍一意孤行，苦苦地追求、纠缠，在这种情况下可直接与之交谈，或去信回绝对方。总之，交谈或回信的态度要鲜明、坚决，场合要注意选择，方式要恰当，语气要温和。让对方觉得你并非看不起他，而是替双方的前途着想，这样不仅避免了双方精力的消耗、时间的浪费，也不至于伤害对方的自尊心，对方一般会乐意接受意见，正确对待，知趣而退。如果对方仍死皮赖脸、死缠不放，可通过双方信赖的第三方做工作，再次明确自己的态度，让其打消念头，以免造成不愿出现的结果。必要时也可请求老师、家长、朋友帮助，如果对方有非礼的要求，则应严肃地断然拒绝。

● 女生在遭遇性侵害时该如何处理？

1. 遇到性侵害时，首先要头脑清醒，保持镇静，临危不惧。大义凛然、临危不乱的态度可以对罪犯起到震慑作用，使犯罪分子在心理上感到胆怯。

2. 遇到性侵害时要有坚持反抗到底的信心，软磨硬泡，拖延时间，侍机摆脱，但是反抗行为不易过分激烈，避免刺激对方，造成更大伤害。

3. 寻求适当机会和方式逃脱。例如，可先假装同意，使犯罪分子放松警惕，然后趁他脱衣之际，用尽全力将他推倒，及时逃跑，并在逃跑时大声呼救。或者出其不意，猛击其要害，使其丧失侵害的能力，趁机逃脱。

4. 采取积极的防卫措施，利用身边的器物或日常生活用具防卫。当遭遇性侵害时，要想一想自己身上有无可以用作防卫的工具，如水果刀、指甲钳、发夹等，观察周围有没有可以利用的器物，如棍棒、酒瓶、砖、刀等，当受到侵害时，用其击打犯罪分子要害部位，如头、眼睛、关节等部位，使其丧失侵害的能力，以使自己能够趁机逃跑。

5. 遭遇陌生人侵害时，要努力记住犯罪分子的体貌特征，保护好现场及物证，及时报案。

交流讨论

1. 你相信网恋吗？
2. 如何保护女生集体宿舍的安全？

Part 2

第二章　生命安全

人身安全是指人的身体不受损伤，没有危险，不受威胁，不出事故，心情安定，安居乐业。维护学生的人身安全，是社会各方面关注的问题，也是学校管理者的职责。

学校是人群聚集之地，宿舍、教室、图书馆等场所的用电、防火的规范管理是直接影响到学生人身安全的大事，不仅要做到安全措施得当，更重要的是提高学生的安全意识和防范能力，这样既可以避免和减少自身的合法利益受到伤害，另一方面可以使自己成为维护校园安全的重要力量。

专题四　水电气的安全

话题8　用电安全防触电

引　言

现在，随着生活水平的不断提高，生活中用电的地方越来越多，我们越来越离不开电。但是，如果不能做到安全用电，就可能发生触电的危险。据有关部门统计，我国每年因家用电器触电而死亡的人数超过3 000人，使用劣质热得快、电热毯造成的火灾达700多起，其中就有部分事故是发生在学生身上或身边的。因此，青少年学生应该走近现代科技，掌握更多的电器使用知识和技能，避免发生意外事故。

校园安全教育系列——用电安全

案例点评

案例1：2013年12月某日上午12时左右，某技校学生公寓503寝室发生火灾，119接警后迅速出警，及时扑灭了大火。经现场勘查，发现烧坏床铺3套、写字桌2张、衣柜3个、电扇1台、部分衣物和书籍等，室内墙壁被熏黑，所幸没有人员伤亡。火灾原因是多部手机在同一接线板上充电，引起接线板超负荷运作，以致发热而导致火灾。

点评：

此次事故是违反家用电器使用规定，超负荷使用充电器所致。家用电器都有额定功率等安全指标，正常使用时必须严格按照规定执行，有些同学为图方便，不管家用电器的承载能力，将多个电器接到同一线路上，造成线路发热、短路而导致火灾。

案例2：2014年8月25日晚，田某、邓某和王某在某学校工地做工。当他们完成一处工作并洗好手准备换一个场地干活时，相关负责人让他们将空气增压机移一移，然后再进入其他地方工作。田某独自一人去移空气增压机，想不到他双手刚抓住机器，意外就发生了。"当时他叫得很响，我们抬头看时，发现他几乎动弹不得，他还叫了几声快关电源。"邓某说。随后田某便倒在地上不省人事。在场的人还给他做了人工呼吸，有人拨打了"120"急救电话，他很快被送到医院抢救。

点评：

此次事故是田某湿手操作电器引起的。在搬动电器时，应先切断电源，更不能湿手操作。有些电器由于老化或受到震动、冲击、碰撞以及机内的积尘污垢过多或电线短路引起漏电。我们日常使用各种电器时一定要有常识，懂得自我保护。

案例3：据《凉山日报》报道，2013年1月12日，贾姓学生上完夜自习睡觉时使用电热毯来暖被窝，很快入睡。次日凌晨，睡梦中的贾某被钻心的刺痛惊醒，睁眼时发现自己睡觉的床铺着了火，他迅速将火扑灭，因发现及时，未造成较大损失。

点评：

冬季使用电热毯取暖是个行之有效的好方法，造成该意外事故的原因可能是：一是电热毯使用不当，电热毯应该在睡前一小时或一个半小时打开，人上床后应该立刻关闭电源，但该学生长时间未关电热毯，引起局部过热而导致火灾。二是劣质电热毯本身就存在安全隐患，容易引发火灾。三是使用超期"老龄"电热毯，电路老化、受潮等原因引发火灾。四是电热毯使用不当，经常折叠或挤压容易影响电热线的抗拉强度和曲折性能，降低其安全性。

⚠ 安全常识

一、正确使用家用电器的常识

1. 使用家用电器前应对照说明书，将所有开关、按钮都置于原始停机位置，然后按照说明书要求进行操作，直至熟练为止。如果有运动部件，如摇头风扇，应事先考虑足够的运动空间。

2. 家用电器通电后发现冒火花、冒烟或有烧焦味等异常情况，应立即切断电源进行检查，找专业人员进行修理。切不可随意用水或泡沫灭火器灭火。

3. 移动家用电器时一定要切断电源，以防触电。

4. 使用发热电器时必须远离易燃物。例如，电炉、取暖器、电熨斗等发热电器不能直接搁在易燃物上，以免引起火灾。

使用电器手干燥　　电脑电器远离床

5. 禁止用湿手接触带电的物体。例如，禁止用湿手拔、插电源插头，用湿手更换电器元件或灯泡等。

6. 对于接触人体的家用电器，如电热毯、电热帽、电热鞋等，使用前应通电检查，在确保安全后方能使用。

7. 禁止用拖电线的方法移动家用电器，禁止用拖电线的方法拔插头。

8. 使用家用电器时，先插上不带电一侧的插座，最后再合上闸刀或插上带电一侧插座；停用家用电器则相反，先拉开带电一侧闸刀或拔出带电一侧插座，然后才拔出不带电一侧的插座。

9. 家用电器在不使用时要及时关掉电源，要防止雷击等造成事故。

10. 家用电器、室内配线要定期进行绝缘检查，发现漏电、破损要及时维护。

11. 使用家用电器时应保持其干燥、清洁，不能用汽油、酒精、肥皂水、去污粉等腐蚀性或导电的液体擦抹家用电器表面。

12. 电风扇的扇叶、洗衣机的脱水筒等在工作时是高速旋转的，不能用手或者其他物品去触摸，以防止受伤。

13. 雷雨天气要停止使用电视机，并拔下室外天线插头，防止遭受雷击。

14. 避免在潮湿的环境（如浴室）下使用电器，更不能使电器受潮，因为这样不仅会损坏电器，还会引发触电危险。

校园勿用电热毯

人走关灯电源断

家庭用电保安全，预防为主是关键。
事故专找马大哈，发生火灾就傻眼。
电路老化早更换，负荷超载多隐患。
绿色产品节能源，无毒无害无污染。
购物存好发货票，合法消费学维权。
使用电式热水器，断电洗浴才保险。
巡回检查睡觉前，关好门窗关开关。

二、触电的急救方法

1. 发现有人触电后，首先要立即让触电者迅速脱离电源，如拉下电闸切断电源、使用绝缘工具或干燥木棒等不导电的物体将导电线与触电者分离。在未切断电源或触电者未脱离电源时，切不可用手触摸触电者。如触电者处于高处，切断电源后触电者会自动从高处坠落，因此要采取预防措施，防止其摔伤。

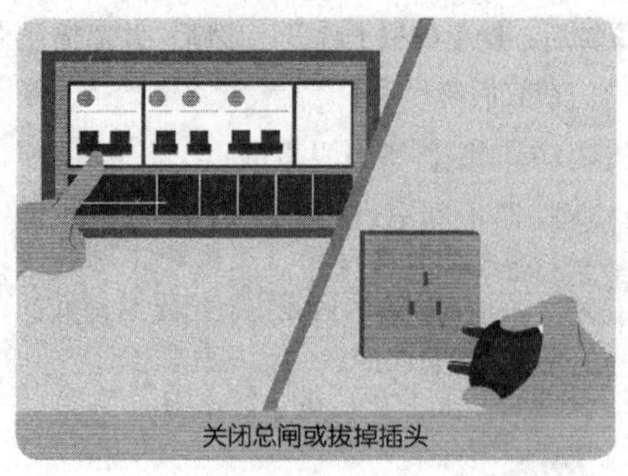
关闭总闸或拔掉插头

用绝缘体拨开电线

用绝缘工具切断电源

戴绝缘手套踩在干燥木板上拉人

2. 初步急救。解开触电者上身衣服，使其保持呼吸畅通；检查触电者口腔，清理口腔黏液，如有假牙则取下；如呼吸停止，立即采用口对口人工呼吸法抢救；若心脏停止跳动或不规则颤动，可用人工胸外挤压法抢救；如呼吸不恢复，人工呼吸至少应坚持4小时或待出现尸僵和尸斑时方可放弃抢救，绝不能无故中断。

人工呼吸法：

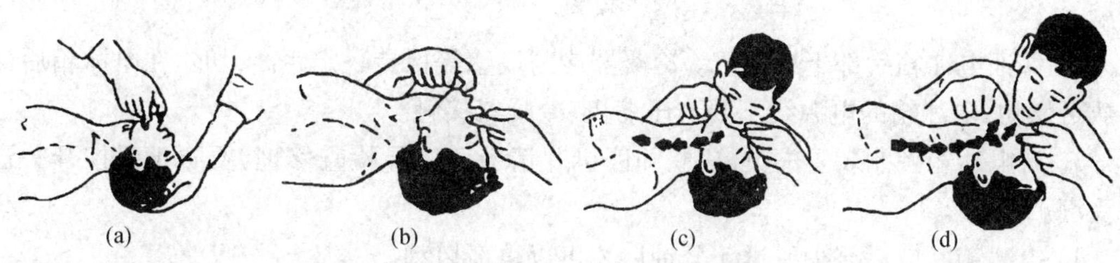

人工胸外挤压法：

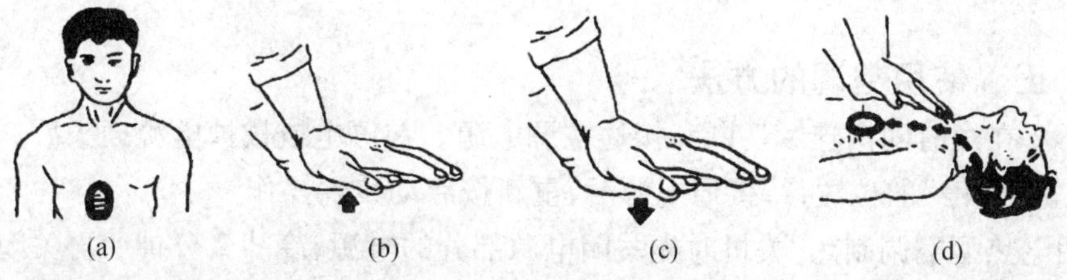

3. 尽快拨打“120”急救电话，请求医院救助。

三、电器火灾的处理方式

1. 立即切断电源，防止灭火人员触电。

2. 尽快转移易燃易爆物品。

3. 及时拨打“119”火警电话，请求公安消防人员支援。

4. 当人身安全受到威胁时，要保持镇静，迅速判断危险地点和安全地点，选择逃生的办法，尽快撤离危险地带。

5. 火势不大时要当机立断，披上浸湿的衣服或裹上湿毛毯、湿被褥勇敢地冲出去。在逃生无门的情况下，被困者要尽量待在阳台、窗口等易于被人发现和能避免烟火近身的地方，及时发出求救信号。

知识链接

一、观看电视节目时的正确使用方法

1. 电视机应放在干燥、通风的地方，不要靠近火炉、暖气管等物体，其后盖距离墙面应在 10 厘米以上。连续收看电视时间不宜过长，一般连续收看四五个小时后应关机一段时间，待机内热量散发后继续收看，高温季节尤其不宜长时间收看。

2. 看完电视后应立即关闭电源，同时把电视插头从插座上拔下来。

3. 电视机使用电压一般为 220 伏，电压波动为 ±5%，如不能达到要求，应采用稳压电源等辅助设备。

4. 如使用室外天线，要安装避雷器，雷雨天尽量不要使用室外天线。

二、冰箱使用的正确方法

1. 电冰箱内不要存放化学危险品。如果必须存放，则必须保证容器绝对密封，严防泄漏。

2. 保证电冰箱后部干燥通风。冷凝器应与墙壁等保持一定距离，切勿在电冰箱后面塞放可燃物，电冰箱的电源线不要与压缩机、冷凝器接触。

3. 若电冰箱控制装置失灵，应立即停机并请专业人员检查修理，要防止温控开关进水受潮。

4. 电冰箱断电后至少要过 5 分钟后才可以重新启动。

5. 啤酒、鸡蛋、罐装饮料等食品宜放在冷藏室而不宜长时间放在冷冻室，以免发生爆炸。

三、正确使用空调的方法

1. 不要在短时间内连续切断和接通空调电源。在停电或拔掉电源插头后，一定要将选择开关置于“停”的位置，待接通电源后，重新按启动步骤操作。

2. 用电热型空调制热，关机时先关闭电源部分的电源，冷却 2 分钟后再关闭总电源。

3. 空调应保持清洁，空气过滤器要定期清洗，风扇电机要定期加注润滑油。在空调运行时，若发现空调有异味、冒烟等情况，应立即停机检查或请专业人员维修。

4. 空调的支架、搁板、遮阳罩等应采用非可燃材料制作。安装空调时，应内高外低，以避免空调部件受潮损坏。

5. 安装空调时应尽量避开窗帘等物体。根据相关报道，窗帘是窗式空调引发火灾蔓延的主要媒介。

模拟训练

● 电器在给我们的生活带来便利的同时，也给我们带来了安全隐患。那么，你知道怎样进行宿舍安全检查吗？

1. 检查是否有乱拉乱接电线现象，有无电器老化、电线裸露现象。

2. 检查是否有违章使用电炉、电热毯、电热杯、电饭锅、电烙铁、电热水器等大功率电器现象。

3. 检查是否在宿舍使用煤气灶、酒精炉、煤炉等用具。

4. 检查宿舍有没有烟头，向宿管人员了解有没有学生在宿舍抽烟的现象。

交流讨论

1. 应该如何对你家里的电器进行安全排查？

2. 如何在学校组织一次安全宣传月活动？

3. 边充电边玩手机可以吗？

话题9 消防安全防火灾

引　言

我国有句谚语叫作“贼偷两次不穷,火烧一把精光”,形象、生动地说明了火灾的残酷无情。学校是人员高度集中之地,而学生更是人小体弱、自护自救能力差的弱势群体,一旦发生火灾,最容易造成群死群伤的严重后果,所以,校园防火必须引起各级领导和全社会的高度重视。

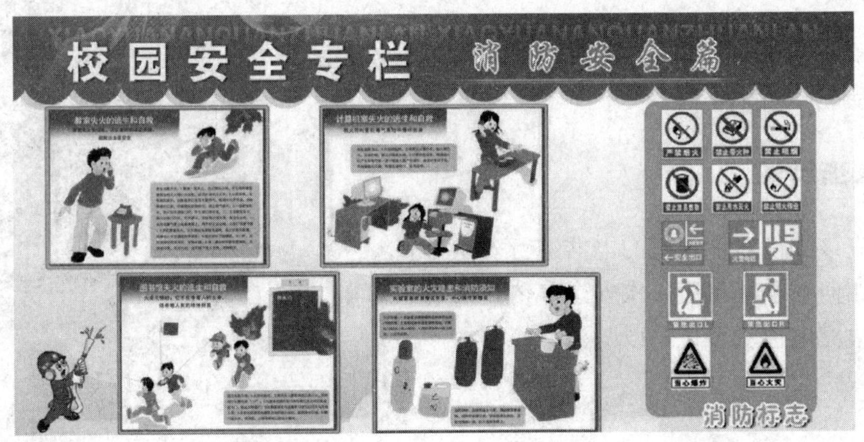

案例点评

案例1:“着火了!”住在四楼的一位女生首先被烟雾呛醒,她急忙喊醒其他人,几个人先用布条等东西堵住门缝,接着开始在走廊里寻找着火点,可此时走廊内充满了让人伸手不见五指的烟雾……

2014年12月23日凌晨5时4分,某校第四宿舍楼浓烟笼罩,近千名学生不得不在睡眼蒙眬中开始火中逃生行动。当她们穿着睡衣、光着脚跑到楼前时,楼里的219房间已经被大火烧得一干二净。及时赶到的消防官兵用了近一个小时的时间将楼内学生全部疏散,火灾没有造成人员伤亡。

点评:

经调查,火灾原因是该楼219宿舍女生陈某在用“热得快”烧水时,因学校突然停电,她忘记将插头拔下引起的。在宿舍违章使用电器尤其是大功率电器是学校明令禁止的,学生在自己方便的同时,也要为自身和他人的生命安全着想。四楼的同学显然学习过火灾的逃生知识,得以顺利避开火灾。

案例2：某学校学生陈某是个活泼好动的孩子。有一天上化学课做实验时，他没有听清老师提出的要求，随手拿过别人已点燃的酒精灯直接去点自己的酒精灯。结果“砰”的一声，火苗蹿得很高，把他的头发烧掉一块，脸颊上也烧起了泡。他一惊之下赶紧扔掉酒精灯，酒精四处蔓延并迅速燃烧起来，幸亏老师和同学们扑救及时，才避免了一场火灾的发生。

点评：

实验室有明确的操作规范和要求，同学们在平时要加强学习和理解，不能走过场。火灾往往是一刹那发生的，良好的操作习惯和避险知识要靠平时养成和积累，它能帮助你在危难时化险为夷。

案例3：2014年3月某日夜，西安某高校发生火灾，烧毁屋内书籍、天花板、三个柜子、两台计算机等物品，损失价值达万元。火灾的原因是某学生由于不良嗜好与粗心大意，违反学校有关防火的规定，在禁烟区域内吸烟，并将烟缸内未熄灭的烟蒂倒入门后装有废纸屑的纸篓里，烟蒂引燃废纸导致火灾事故。

点评：

学生宿舍是学生生活和休息的场所，聚集着大量的可燃物品。在宿舍里乱丢烟头、焚烧纸张非常容易引起大火，这是学校明令禁止的。

安全常识

一、需要了解的学校防火安全知识

1. 教室。

使用教室时要保证门全部能够打开，以方便人们遇到紧急情况时能迅速疏散。教室内不能使用大功率的电器，不得违反操作规程使用电子教具；对电源线路、插座的负荷要核算检查，防止因老化发生短路；示教用完后的易燃物品应及时清理；教室内严禁吸烟、乱丢烟蒂等。

2. 实验室。

实验室内不宜过多存放各种易燃、易爆、剧毒和腐蚀性的试剂，对有毒、易燃、易爆物品不得任意放置。一般的实验教学电子仪器都有熔丝保护设备，当熔丝失灵或者更换熔丝时，不得用大于规定值的熔丝，更不准用铜丝、铝线替代。操作人员应在仪器关闭后离开实验室，防止因仪器长时间通电过热而引发火灾；电吹风使用后要立即关闭；在使用电烙铁、电热器时要格外小心，不能在通电的情况下随意乱放，防止引燃周围的可燃物品；使用教学仪器时，其附近不准放置火柴、打火机、酒精灯和喷灯等物品；严禁在实验室里吸烟;学生做实验时必须听从老师指导。

3. 图书馆。

图书馆是防火的重点部位,所以要经常对图书馆的电源线路、插座、电器设备进行安全检查,如果发现火灾隐患应及时整改。图书馆内的装饰要用阻燃材料,不能在图书馆里用火柴、打火机随意点火;不允许在图书馆里堆放其他可燃杂物,要始终保持疏散通道的畅通。

4. 礼堂或报告厅。

礼堂或报告厅使用时大量人员聚集,而这些场所都采用了大量的可燃材料,如幕布、垂帐、木围板和木质柜台等,非常容易发生火灾。所以,必须落实这些场所的消防安全责任制,经常检查电源线路、用电器具,电线应穿管铺设,不得超负荷用电和私拉乱接电线,不能将大功率照明灯靠近幕布或易燃装饰物。礼堂或报告厅内不能使用明火,不准吸烟或随地丢弃烟蒂。使用礼堂或报告厅时要开启所有的安全门,保证疏散通道畅通,疏散门应向外开启,严禁阻塞安全出口和把门上锁。主要通道上要设置应急照明。

5. 学生公寓。

学生公寓是防火重地,同学们在学生公寓要自觉做到十不准: ① 不准卧床吸烟和乱扔烟蒂;② 不准私拉乱接电线和安装电源插座;③ 不准占用、堵塞疏散通道;④ 不准在公寓楼内焚烧杂物;⑤ 不准携带易燃、易爆物品进入公寓;⑥ 不准使用"热得快"等大功率电热设备;⑦ 不准使用酒精炉等明火器具;⑧ 不准擅自变动电源设备;⑨ 不准离开宿舍不关电源;⑩ 不准损坏灭火器和消防设施。同时,同学们应熟记公寓安全通道的位置和路线,并最好不要在宿舍里用蜡烛照明,以防引燃可燃物,造成火灾。

二、一旦发生火灾,我们怎么做

日常缺乏训练的人面对突如其来发生的火灾时往往会手足无措、无所适从,从而耽误了抢救的最佳时机。因此,平时多了解一些火灾知识并进行针对性的训练是非常必要的。

1. 第一时间发现火情应该怎么办？

一旦发现有火情发生，要迅速做出判断，火情小时可就地寻找灭火器材，并大声呼唤同伴，扑灭火灾；发现火情难以控制，要第一时间拨打火警电话“119”，并呼唤同伴，积极救火。

火警号码是“119”，现在我们介绍一下火警电话怎么打。

(1)打火警电话要迅速，刻不容缓，争分夺秒。

(2)听到对方报说是“消防队”时，要赶紧详细报告火灾发生的地点、位置和单位，言简意赅。

(3)要回答对方的提问，把自己现在所用的电话号码告知对方，一定要等对方说“马上来”后方可挂断电话。

(4)应主动告诉赶赴火灾现场的最短行车路线，并在必经之处等候与引导。

(5)打火警电话时，不要争抢或互相推诿，打完后立即参与灭火。

2. 当学校或附近发生火灾，听到呼救和警报时应该怎么办？

(1)“闻火而动”，听到火灾警报后立刻奔赴失火地点和火场，投入灭火抢险的战斗。这种态度是积极的。

(2)“隔岸观火”，认为火灾与己无关，所以不施援手。这种态度是消极的。

(3)“幸灾乐祸”，不仅袖手旁观，还指点评说，仿佛看戏一般。这种态度是错误的。

3. 一旦到达火灾现场应该怎么办？

(1) 应该服从临时救火指挥组织的命令和指挥，不可我行我素。

(2) 应尽可能带着一两件救火器具去，如果大家空着手去，就会“英雄无用武之地”，造成“看火的人多，救火的人少”的局面，而且还会妨碍别人救火。

(3) 一定要注意安全。一是要防止自己被火烧着；二是要防止被飞落的物体打着、烫着；三是要防止被人员和物体撞着；四是要防被电线碰着；五是要防有害气体中毒。

4. 身上着火了应该怎么办？

(1) 就地打滚。

(2) 脱甩衣裤。

(3) 跳入水中。若发现自己身上的衣裤着火很大，又无法脱下甩掉时，应尽快跳入附近的池塘中。如果是不会游泳的同学，只要跳入水池就行，不可往深水中跳；倘若发现烧伤比较严重，不要贸然跳入水中，更不能往脏水池跳，以防烧伤处被细菌感染。

(4) 发现同学身上着火时，应马上帮助同学将火熄灭，用水浇淋或用潮湿的衣服、扫帚、麻袋、毛巾等将火扑灭，也可以帮助其将着火的衣裤脱下或撕下。

5. 楼道着火怎么办？

学校的教学楼、实验楼、宿舍楼的楼道是学生聚集之处，疏通不便，一旦发生火灾，后果严重。遇到楼道着火，楼上的人应该怎么办？

(1) 镇静莫惊慌，应及时、有序疏散，切勿拥挤踩踏。

(2) 勇敢有胆量，切勿慌张，千方百计将火势扼制住或扑灭。

（3）夺路冲出去。如果看见浓烟滚滚而来，又看不到火势时，应该夺路冲过去，不可盲目认为自己身临困境，坐以待毙，因为若不及早冲出去，会危及人身安全；如果发现自己已实在无路可走了，可利用被单连接、绳索等沿墙滑下，或凭借着楼旁树木、电线杆、水管等滑下；千万不可盲目跳楼，因为楼层高，跳下去非死即伤。逃生时可用湿的手绢或毛巾捂住嘴和鼻子。

① 谨慎开门，泼水挡火

② 湿物堵塞门缝

③ 撕开被单窗帘，拧成绳索

④ 缓降逃生

知识链接

一、采用正确的灭火方法

由于引起火灾的原因不同，灭火的方法也就有所区别。然而，任何一种方法都是为了消除引起燃烧的三个条件中的一个。

现将几种常见的灭火方法介绍如下：

1. 隔离方法。所谓“隔离”，就是把已经燃烧的物体迅速与周边的可燃物体隔离开来或移开，使其逐渐熄灭。

2. 窒息方法。所谓“窒息”，就是阻挡助燃的气流（风）继续进入燃烧范围，燃烧物体因缺乏氧气的助燃而停止燃烧。在扑灭火灾时，要把浸湿的不燃物质和难燃物质（如黄沙、泥土等）覆盖着火物，还应把燃烧物的门窗洞孔封闭堵死，使火苗窒息而灭。

3. 冷却方法。所谓“冷却”，就是使用喷射器具将灭火剂直接喷射到燃烧物体上面，使其降温冷却。用于冷却的物质主要是大量的水和二氧化碳。

4. 抑制方法。所谓“抑制”，就是把含有氟、溴的化学灭火剂（如卤代烷灭火剂1211），用自动或手动操作方式喷向火焰以抑制火势。

随着科技的发展，火灾自动灭火系统在不断完善，我们要与时俱进，不断学习和掌握先进的灭火器具的使用方法。

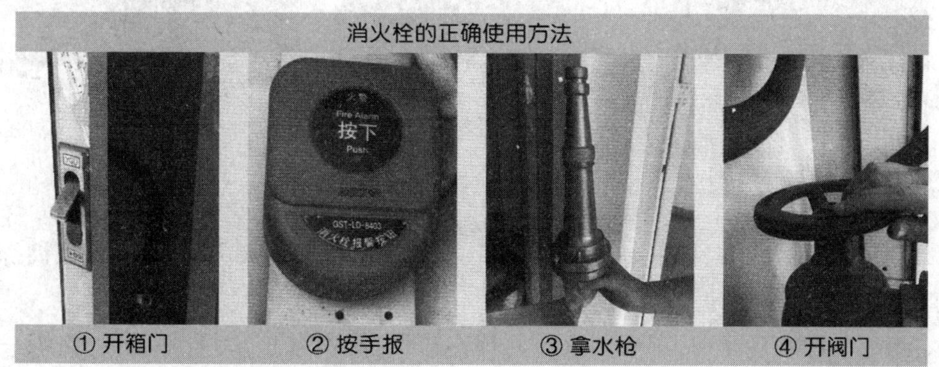

二、正确选用灭火器具

火灾的类型通常分为六类。

1. 气体火灾。如煤气、天然气等引起的火灾。扑灭这类火灾，应选用化学干粉灭火器、二氧化碳灭火器、卤代烷1211灭火器、1301灭火器和泡沫灭火器，以及高压水泵等。

2. 油品火灾。也叫“液体火灾”，如油漆、煤油等引起的火灾。扑灭这类火灾，同样可选用化学干粉灭火器、二氧化碳灭火器、卤代烷1211灭火器、1301灭火器及泡沫灭火器。同时，可用大量的水使油品贮存罐冷却降温。

3. 可燃物火灾。也叫“含碳固体火灾”，指固体的可燃物如家具、木料等引起的火灾。扑灭这类火灾，应选用清水灭火器、泡沫灭火器、卤代烷1211灭火器等，大量的清水也是这类火灾的克星。

4. 电器火灾。也叫“带电燃烧的火灾”，它是指电器配线、电动机等电器设备引起的火灾。扑灭这类火灾，应选用化学干粉灭火器、卤代烷1211灭火器、1301灭火器、二氧化碳灭火器，也可采用二氧化碳或者氟溴甲烷等灭火剂灭火。

5. 金属火灾。它是指镁、铝等活泼金属引起的火灾。扑灭这类火灾，尚无理想的灭火器，最好用干燥的沙子或特殊的灭火剂灭火，严禁使用水，以防爆炸。

6. 其他火灾。扑灭这类火灾，应视具体情况选用不同的灭火器械和用品。

救火时千万要看灭火用品的说明书，不可乱用，那样有可能“火上加油”，因此平时的学习和训练非常重要。

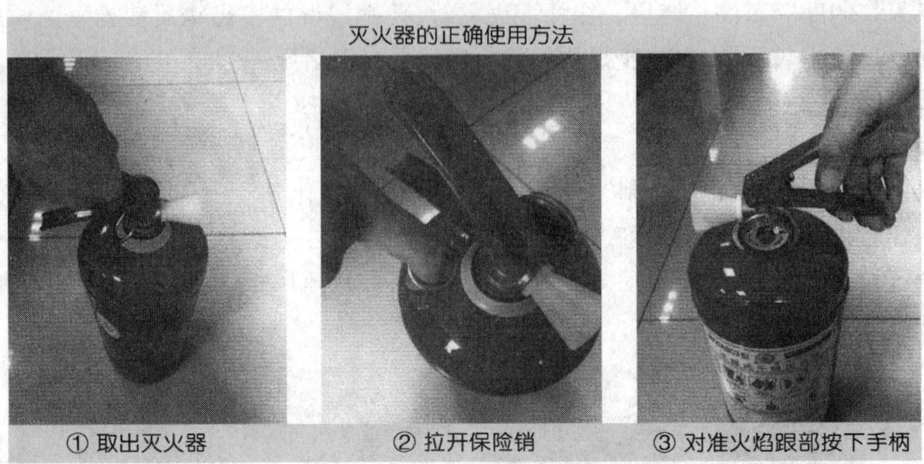

模拟训练

1. 利用现成的教室、楼道等,策划一起教师与学生配合的火灾逃生演习,以训练师生的应变反应能力。

2. 组织一次参观学习,了解灭火器的基本知识、使用方法,有条件的话,组织一次实战操作比赛,以提高学生的应用能力。

交流讨论

1. 遇到突发火灾,我们应该如何自救和互救?

2. 针对不同类型的火灾我们应如何选用灭火器?

话题 10　热水使用免烫伤

引　言

日常生活中,被热水烫伤的事例屡见不鲜。夏天是烫伤多发季节,如热水瓶爆破或被打翻、使用高压锅或热水袋、冲开水时彼此相撞、洗澡时误入高温浴池等,都会导致被热水烫伤。有数据显示:在城市超过 90% 的烫伤源是热水。学校里很多学生是寄宿的,经常会遇到这种情况,因此有必要了解热水烫伤的预防和急救方法,为健康生活做好安全知识储备。

案例点评

案例 1: 某职校学生小明 16 岁,有次动手术采取的是半麻,因为腿冷,家人在其腿边放了热水袋,结果他的小腿上被烫出两个大水泡。后虽经医生全力治疗,但小明腿上还是留下了两道很明显的疤痕。

点评:

根据患者提供的病史分析,这属于长时间低热烫伤。由于半麻,腿冷,没什么知觉,等到发现,为时已晚。这种烫伤创面一般不大,但往往很深,难以自愈,伤好后会留下疤痕,影响美观。

案例 2: 据报道,上海恭城路一家饭店的厨房蒸锅内沸水突然溅出,一名厨师被烫伤。伤者姓于,19 岁,为某技校实习生。当晚,厨房的炉灶在蒸菌菇,在小于拿蒸笼时,沸腾的开水溅出蒸锅,小于的左手、右脚和两条大腿都被严重烫伤。

点评:

本案中小于之所以被烫伤,是因为他在使用蒸锅时没有严格按照操作流程规定采取降温、降压等措施,开锅后沸水突然溅出而将其烫伤。

安全常识

一、常见的容易被热水烫伤的情况

1. 热水瓶的瓶底滑脱、水瓶爆破或被打翻，或冲开水时不慎，都容易被烫伤。

2. 不小心拉扯桌布，引起盛放高温液体的容器（如盛有热汤的锅子、杯子等）翻倒。

3. 洗澡时误入高温池，放热水时没调节好温度等。

4. 使用高压锅而没有按照高压锅使用方法操作。

5. 热水瓶、饮水机的放置位置过低。

6. 使用热水袋、暖手宝时没有检查其质量等安全性能。

二、烫伤急救处理步骤

1. 迅速避开热源。

2. 采取“冷散热”措施。在水龙头下用冷水持续冲洗伤部，或将伤处置于盛冷水的容器中浸泡。这样可以使伤处迅速、彻底地散热，使皮肤血管收缩，减少血液渗出与水肿，缓解疼痛，减少水泡形成，防止创面形成疤痕。这是烫伤后最佳也是最可行的治疗方案。

3. 将伤处的衣服剪开，以避免被烫伤的皮肤病情加重。

4. 不要揉搓、按摩、挤压烫伤的皮肤，也不要急着用毛巾擦拭。

5. 创面不要涂抹红药水、紫药水等有色药液，以免影响医生对烫伤程度的判断，也不要用碱面、酱油、牙膏等乱敷，以免造成感染。

6. 创面应以消毒敷料或干净衣被遮盖保护。

7. 及时送医院就诊。

三、烫伤治疗期间的注意事项

1. 饮食须注意。酒、辣椒、羊肉、生蒜、生姜、芥末、咖啡等刺激性食物会促进疤痕组织增生，所以康复期间应避免食用这些食物。

2. 不要强行揭去痂皮。创面结痂后，要待痂皮自行脱落，此时尚未完全长好的表皮细胞若没有了痂皮的保护会形成色素沉着，或发生炎症反应。

3. 不要给伤口发炎的机会。不可用挠抓、热水烫洗、衣服摩擦等方法止痒，因为这样会刺激局部毛细血管扩张、肉芽组织增生而形成疤痕。

4. 不要忽略用药的重要性，谨遵医嘱，坚持用药，不怕麻烦。

5. 出现新情况时应及时就医，不能拖延。

一、热水烫伤的分类

1. 一度伤。只损伤皮肤表层,局部轻度红肿,无水泡,疼痛明显。应立即将伤处浸在凉水中进行冷却治疗,如有冰块,把冰块外敷于伤处效果更佳。冷却30分钟左右就能完全止痛,随后用鸡蛋清、清凉油或烫伤膏涂于烫伤部位,这样只需3~5天便可自愈。

2. 二度伤。真皮损伤,局部红肿疼痛,有大小不等的水泡。大水泡可用消毒针刺破水泡边缘放水,涂上烫伤膏后包扎,松紧要适度。

3. 三度伤。脂肪、肌肉、骨骼都有损伤,并呈灰色或红褐色。此时应用干净布包住创面,及时到医院就医,切不可自行在创面上涂紫药水或膏类药物,以免影响病情观察与处理。

如果被开水烫成重伤,伤者在转送途中可能会出现休克或呼吸、心跳停止现象,应立即进行人工呼吸或胸外心脏按压。伤者口渴时,可给少量的热茶水或淡盐水服用,绝不可以在短时间内饮服大量的开水,因为那样会导致伤员脑水肿。

二、烫伤后一定会有疤痕吗

一度和浅二度烫伤一般不会留下疤痕,但深二度烫伤和三度烫伤属于深度烫伤,愈合后会留下不同程度的疤痕,各种治疗方法都只能帮助恢复功能或者改善疤痕。

同样的深度烫伤,后期治疗的好坏会直接影响到愈合后的外形。如果处理得当,遗留下的疤痕会不太明显,反之则可能产生高高隆起的明显疤痕。疤痕通常要经过半年到一年的时间才能稳定,在此期间如果接受一些抗疤痕的治疗,会有助于疤痕的软化和缩小。

模拟训练

● 不正确的烫伤处理方法会加重病情,以下是一些错误的处理方法。

1. 迷信土方法。自行给创面涂抹牙膏、酱油、紫药水等,这些东西一方面会影响医生对烫伤程度的观察和判断,另一方面会增加创面感染的概率。正确的做法是将创面经凉水冲洗后用干净、清洁的被单或敷料包裹以保护创面,然后将伤者送到医院接受正规治疗。

2. 将水泡撕破。烫伤后,在烫伤部位会起许多水泡,有的人会用剪刀把皮给挑破剪掉,这其实等于把封闭的创面变成了开放的创面,使皮肤失去了天然保护屏障,会增加皮肤感染的概率。

3. 给病人大量喝水。烫伤病人早期容易口渴,这时千万不要在短时间内给病人喝大量的白开水、矿泉水、饮料或糖水,以免引发脑水肿和肺水肿等并发症。但可让病人少量多次地喝些淡盐水,以补充烧烫伤后减少的血容量,防止或减轻休克症状。

● 轻度烫伤后可采取一些可行易得的小偏方，其实效果也不错。

1. 敷鸡蛋清：弄一个鸡蛋，去掉蛋黄，将蛋清敷在烫伤处。

2. 敷芦荟茸：取一块芦荟，去皮，将里面的肉茸敷在烫伤处。

3. 如果伤口起泡但没有破损，可以抓一些活的地龙（即红蚯蚓），将其清洗干净，将白糖连同地龙化成糖水，用棉签蘸取涂于伤口，可止痛并有一定疗效。

4. 切几片生梨贴于烫伤处，有收敛、止痛作用。

5. 可将干废茶叶渣在火上烘至微焦后研细，与菜油混合调成糊状后涂在伤处，能消肿止痛。

1. 请大家谈谈在日常生活中如何才能避免被热水烫伤。

2. 为什么青少年在夏季最容易被烫伤？

话题 11　燃气泄漏须防范

引　言

走进千家万户的燃气在给人们生活带来诸多方便的同时，也扮演着“杀手”的角色。夏季或冬季，因使用空调，家中门窗关闭，给了燃气“杀手”乘虚而入的机会。在我们身边，燃气泄漏造成人员死亡或中毒的惨剧每年都在上演。有关部门的统计数据显示，每年家庭燃气事故占全年燃气事故的 80% 以上。近年来，虽然在各方面努力下燃气事故呈逐年下降的趋势，但是燃气具老化、用户使用不当以及燃气管道被人为损坏造成的燃气安全事故还时有发生，燃气安全形势依然相当严峻。

对于我们广大学生而言，不管在家中还是将来走上工作岗位，接触燃气的机会很多，了解燃气相关知识，对于预防燃气事故具有重要作用。

案例点评

案例 1：2013 年 1 月 25 日晚上 11 时许，学生小唐在洗澡时被家人发现跌倒在卫生间，家人及时将其送平阳县中医院抢救。医院虽全力抢救，但小唐还是不幸身亡。后相关部门经调查及尸检，确认是因为燃气热水器老化而致燃气泄漏，导致小唐一氧化碳中毒死亡。

点评：

本案中小唐的死因是燃气热水器老化而致燃气泄漏，导致小唐一氧化碳中毒。根据我国《家用燃气燃料器具安全管理规定》，家用管道煤气热水器使用寿命为 6 年，液化气和天然气热水器为 8 年。消费者应根据燃气热水器使用年限及时淘汰或更新家中的燃气热水器，以防热水器老化，发生危险。

案例 2：2014 年 3 月 18 日，平江市某小区一住户家中发生一起厨房灶具起火事故，燃气设施和厨房物品被烧毁，给住户造成了严重的经济损失。据了解，该住户在使用天然气灶具做饭时，因有事中途外出，忘了关燃气灶，而铁锅长时间受热，温度过高，引燃了附近的可燃物。邻居发现有黑烟冒出后，拨打了“119”火警电话，消防队员及时赶到，扑灭了大火，由于发现及时，没有殃及四邻。

点评：

此案例中住户家中之所以发生火灾，是由于使用燃气灶具时可能存在着如下情况：没人看守，燃气设施的周边堆放易燃物；燃气灶具不先进，不具有漏气监控装置等。

案例3：据国际燃气网报道，2013年9月24日下午6时11分，西藏林芝地区波密县扎木镇扎木村发生一起民房火灾。接警后，林芝地区公安消防支队立即调集波密县消防大队3台消防水罐车、20名官兵赶赴现场救援。晚上8时5分，大火被彻底扑灭。经了解，此起火灾系租户在做饭时液化气使用不当引燃周围可燃物所致，着火面积约500平方米，造成了重大经济损失。

点评：

又是一起燃气使用不当引起的火灾，由此可见，正确而安全地使用燃气是多么重要！

安全常识

一、正确而安全地使用燃气

1. 如何正确使用燃气？

一是定期检查燃气是否泄漏，燃气器具是否完好。

二是燃气罐应竖立使用，切勿倒置，同时应远离火源。

三是气瓶内的残液千万不可自行处理或倾倒在下水道内。

四是使用燃气时人不能远离，应随时调节火焰，以免锅内溢出的汤水浇灭火焰，从而造成燃气大量漏出。

五是燃气不使用时，应将开关全部关闭，以防跑气。

六是按规定报废燃气器具，人工煤气热水器的报废年限为6年，液化石油气、天然气热水器、燃气灶具的报废年限为8年，橡皮胶管的使用年限为18个月。

2. 如何检查燃气泄漏？

一是肥皂液查漏。任选肥皂、洗衣粉、洗涤液三者之一，加水制成肥皂液，涂抹在燃具、胶管、旋塞阀、燃气表、球阀、调压阀处，尤其是接口处，有气泡鼓起的部位就是漏点。

二是眼看、耳听、手摸、鼻闻，配合查漏。严禁用明火查漏。

3. 发生燃气泄漏时该怎么办?

发现燃气漏气一定要冷静,应该采取以下正确办法:

一是切断气源。立即关闭燃具开关、旋塞阀、球阀、气瓶气栓。

二是勿动电器。严禁打开或关闭任何电器,如电灯、电扇、排气扇、抽油烟机、空调、电闸、有线与无线电话、门铃、冰箱等,因为这些都可能产生微小火花,引起爆炸。

三是疏散人员。迅速疏散家人、邻居,阻止无关人员靠近。

四是打开门窗,让空气流通,以便燃气散发。

五是电话报警。在没有燃气泄漏的地方,打"110"报警电话或报告燃气公司。

4. 使用燃气热水器时如何做到随心所"浴"?

一是要注意通风。现在很多居民家庭使用的是直排式燃气热水器,这种热水器燃烧后产生的废气都排放在室内,所以使用时一定要打开窗子或排风扇通风换气,让废气排出。

二是若发现热水器出现火焰发黄、冒烟、漏水、漏气、有噪声、振动等现象,不要再继续使用,要马上报修,让专业人员检查维修。

三是如果家人洗澡时间超过20分钟,应主动拍门问候,以防万一。

四是洗浴结束后一定要将燃气热水器的进气阀门关闭。

二、发生燃气中毒,我们可以这么办

1. 立即打开门窗,把中毒者移到通风良好、空气新鲜的地方,并注意保暖。

2. 松解衣扣,保持中毒者呼吸道通畅,清除其口鼻分泌物。

3. 如果是出现头晕、恶心等症状的轻微中毒者,可让其先饮用糖水、牛奶解毒;如果是出现昏迷、脸色变粉红等症状的中毒较深者,应立即对其进行口对口人工呼吸;如发现呼吸骤停,应进行心脏体外按摩。

4. 及时拨打"120"急救电话或迅速送往医院。在抢救过程中,要让中毒者充分吸氧,并注意保持中毒者呼吸畅通。

 知识链接

一、燃气泄漏的安全卫士——燃气报警器

燃气安全防范有三种基本手段:人防、物防和技防。其中人力防范和实体防范是古已有之的传统防范手段,它们是安全防范的基础。随着科学技术的不断进步,这些传统

的防范手段也不断融入新科技的内容。

燃气报警器就是技防，当燃气发生泄漏时，燃气报警器就会发出响声，此时应立即切断电源。燃气报警器被大家公认为是燃气领域的安全卫士，在发达国家被大力推广甚至强制安装。日本早在1980年就开始实行安装城市煤气、液化石油气报警器法规；美国目前已有6个州立法，规定家庭、公寓等都要安装一氧化碳报警器；2005年，荷兰和比利时也相继立法，规定每幢居民住宅必须安装交直流双配套电源供电烟雾报警器。目前我国黑龙江省、山西省以及山东省青岛市等地方也采用了技防手段，并且将安装燃气报警器以地方立法的形式予以规定，以保证燃气的使用安全。

二、一氧化碳中毒的类型

1. 轻型。中毒时间短，血液中碳氧血红蛋白含量为10%～20%。中毒的早期症状表现为头痛眩晕、心悸、恶心、呕吐、四肢无力，甚至会出现短暂的昏厥，一般神志尚清醒，吸入新鲜空气脱离中毒环境后，症状迅速消失，一般不留后遗症。

2. 中型。中毒时间稍长，血液中碳氧血红蛋白含量占30%～40%。在轻型症状的基础上，可出现虚脱或昏迷等症状。皮肤和黏膜呈现煤气中毒特有的樱桃红色，如抢救及时，可迅速清醒，数天内可完全恢复，一般无后遗症。

3. 重型。发现时间过晚，吸入煤气过多，或在短时间内吸入高浓度的一氧化碳，血液中碳氧血红蛋白浓度常在50%以上，病人深度昏迷，各种反射消失，大小便失禁，四肢发冷，血压下降，呼吸急促，会很快死亡。一般来说，昏迷时间越长，越易留有痴呆、记忆力和理解力减退、肢体瘫痪等后遗症。

模拟训练

● 当你在家里突然闻到煤气味时，你该怎么办？

1. 立即关闭煤气总阀。

2. 开窗通风。

3. 切勿在屋内使用明火试漏，以免发生事故。

4. 不要开关电灯等电器设备和接打电话，避免出现电火花而引爆泄漏的燃气。

5. 立即检查燃气泄漏的原因，必要时可到户外拨打燃气检修电话，求得燃气部门的帮助。

● 策划一场主旨为“如何正确、安全使用燃气”的公益宣传活动。

1. 确定参加人员并召开会议进行分工。

2. 确定宣传地点、时间，测算活动经费，查看天气。

3. 向工商、城管部门申请活动地点。

4. 制作宣传单、调查问卷、宣传标语，准备宣传用具。

5. 活动宣传。

6. 总结得失,提出改进建议和措施。

交流讨论

1. 为什么说冬季是煤气中毒事故的高发期?
2. 如何对家庭进行一次全面而有效的燃气安全检查?

专题五　小动物也凶猛

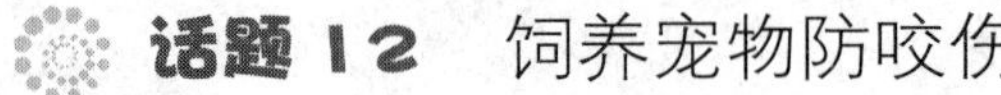

话题12　饲养宠物防咬伤

引　言

上海市卫生局统计数据表明：2014 年 1—8 月份，上海市共处理被动物咬伤人员达 10.2 万人次，6 人死亡，受伤和死亡人数较前 3 年同期都有明显增长。狂犬病导致全球每年 5 万多人发病死亡。青少年学生出于天性，喜欢逗弄小动物，受伤害的概率增大，因此我们有必要掌握一些防范动物伤害的知识。

案例点评

案例 1：一天，17 岁的职校生小李在离家不远的一处地方歇凉。突然，一只野猫不知从何处蹿了出来，径直扑向小李，咬伤小李的左小腿。一个月、两个月……近一年过去了，就在家人渐渐淡忘此事时，小李的性情突然变得狂躁不安，嘴里还不停地嘀咕着什么……

点评：

小李可能是感染上了狂犬病毒。小李被小猫咬伤之后没有去医院注射狂犬疫苗导致感染狂犬病毒。人一旦被小猫等动物咬伤，应及时去医院治疗，注射狂犬疫苗预防狂犬病。狂犬病传染源是狗、猫、猪、牛、马等动物，病毒主要通过咬伤传播。

案例 2：中职生小刘向医生反映："睡觉的时候，突然大拇指一阵刺痛，一挥手，有个什么东西窜了过去，是老鼠！"说到晚上被咬伤的经过，小刘仍然心有余悸。

点评：

小刘被老鼠咬伤后及时到医院寻求治疗，这是正确的做法。春秋季节为鼠疫高发期，人被老鼠咬伤后，如不及时治疗，极易感染鼠疫、狂犬病、肾综合征出血热、钩端螺旋体病等多种疾病。

案例3：家住珠海前山的鲍女士家里养了一只宠物龟。某日，鲍女士17岁的儿子在无聊之时搬弄乌龟，不料手被平常温顺的乌龟咬了一个口子，拇指上立即出现了血印子，鲍女士非常担心儿子会感染狂犬病毒。

点评：

鲍女士儿子的这种情况可以不注射狂犬疫苗。从理论上讲，野生的食肉性哺乳动物感染狂犬病毒的风险最大，如犬、猫、蝙蝠、黄鼬、老鼠等，这些温血动物可能携带狂犬病毒。至于蛇、龟等是不会感染狂犬病毒的，所以被龟、蛇咬伤后，要采取防中毒等治疗措施，不需要注射狂犬疫苗。

安全常识

一、感染狂犬病毒的途径

1. 被带毒的食用性哺乳动物咬伤、抓伤或舐舔黏膜，病毒通过伤口或黏膜进入人体。

2. 宰杀带毒的食用性哺乳动物、剥带毒的食用性哺乳动物的皮、接触带毒的食用性哺乳动物污染的物品时，病毒通过破损的皮肤或黏膜进入人体。

二、生活中我们该如何避免被动物咬伤

1. 不要主动去挑衅动物。

2. 与不熟悉的动物保持一定距离。即使是对熟悉的动物，主人不在时也要与之保持距离。

3. 动物进食和睡觉时不希望被打扰，要学会尊重它们的这种意愿。

4. 动物逼近时要保持冷静。可以看着动物，但不要直视动物的眼睛，因为直视动物的眼睛对于动物来说意味着挑战。此外，人的声音太大或快速移动都会使动物受惊。

5. 观察动物进攻前发出的信号。例如，动物开始弓背、背毛竖起、龇牙咧嘴、威胁性地吠叫、尾巴高高竖起等往往就意味着要进攻了。

6. 如果你恰好手边有“挡箭牌”，比如背包或自行车，可以用它们挡在你和动物之间。

7. 如果动物已经开始进攻，你可以把身体缩成一团以保护头部、颈部和腹部。

8. 被动物咬伤后要立刻去医院处理，并向当地动物防疫部门报告。

三、被动物咬伤或抓伤后的治疗程序和方法

1. 彻底冲洗。立即用肥皂水、清水、洗涤剂或对狂犬病毒有可靠杀灭效果的碘制剂、乙醇等彻底冲洗伤口20分钟以上。

2. 严格消毒。在彻底冲洗后,用2% ~3%的碘酒或75%的酒精涂于伤口,以清除或杀灭局部的病毒。

3. 酌情处置。对未伤及大血管的伤口尽量不要缝合,也不必包扎。对需要缝合的较大伤口或比较严重的面部伤口,应在清创消毒后先用狂犬病免疫血清或免疫球蛋白浸润伤口,数小时后(不低于2小时)再予以缝合和包扎。对伤口深而大者可放置引流条,并使用抗生素和破伤风抗毒素,以控制其他感染。

4. 接种疫苗。原则上是越早越好,一般被咬伤者应于当天和第3天、第7天、第14天和第28天各注射一剂狂犬病疫苗。

5. 再次受伤者的疫苗接种方式。全程接种疫苗后1年内,若再次被动物咬伤,应于咬伤当天和第3天各接种一剂疫苗。超过1年后再次被咬伤者,应接种全程疫苗。若在3年内进行过加强免疫又被咬伤,则应于受伤当天和第3天各接种一剂疫苗。超过3年者应接种全程疫苗。

6. 使用免疫制剂。对于有皮肤损害及免疫功能低下者,应在接种疫苗的同时在伤口周围浸润注射动物源性抗血清或人源免疫球蛋白。

知识链接

一、被哪些动物咬伤可得狂犬病

各种温血哺乳类的家畜及野生动物均有可能携带狂犬病毒,常见的有狗、猫、鼠、鼬獾、兔、狼、蝙蝠、浣熊、猴、牛、猪等动物,如果被它们咬伤、抓伤后不进行医学处理,就有可能得狂犬病。

二、狂犬病发病的死亡率极高

狂犬病潜伏期长短不一,多数病例的潜伏期集中在20~90天,绝大部分病例的潜伏期在1年以内,短于15天或超过1年的均为少见。狂犬病表现为急性、进行性、几乎不可逆转的脑脊髓炎,特有表现为恐水、怕风、恐惧、兴奋、咽肌痉挛、流涎、进行性瘫痪,最后因呼吸、循环衰竭而死亡。狂犬病一旦发病,其进展速度很快,病程多数在3~5天,很少有超过10天的,病死率几乎为100%。

三、注射狂犬疫苗期间的注意事项

1. 禁止使用皮质激素类药物。
2. 忌酒、浓茶及辛辣刺激性食物。
3. 加强营养,进行适当的体育锻炼,以提高抗病能力。

模拟训练

● 若被狗咬伤，你将怎样处理呢？

1. 冲洗伤口要分秒必争，以最快速度把沾染在伤口上的狂犬病毒冲洗掉。冲洗前应先挤压伤口，排去带毒液的污血，但绝不能用嘴去吸伤口处的污血。如伤口较深，冲洗时可用干净的牙刷（纱布）和浓肥皂水反复刷洗伤口，并及时用清水冲洗，刷洗至少要持续30分钟。

2. 冲洗后用2% ~3%的碘酒或75%的酒精局部消毒，或用5%的石炭酸局部烧灼伤口。处理好的局部伤口，不需包扎，别涂软膏。

3. 尽快注射狂犬疫苗。被猫、狗等动物咬伤后应尽早去医院注射狂犬疫苗，越早越好。首次注射疫苗的最佳时间是被咬伤后的48小时内。严重咬伤时，除了注射疫苗外，还需要用抗狂犬病免疫血清在伤口及周围局部浸润注射。

4. 加强营养，进行适当的体育锻炼，以提高抗病能力。

●“一朝被蛇咬，十年怕井绳”，怎样预防被蛇咬伤？若被蛇咬伤，又怎么自救呢？

为了预防被蛇咬伤，在有蛇活动的环境中行走或工作时不要赤脚，应该穿上长筒靴；手里拿根棍子以“打草惊蛇”；不要随意挑逗蛇；随身携带一些蛇药，一旦被蛇咬伤，立即服用或敷在伤口处。

如果不小心被蛇咬了，要仔细检查伤口，以判断是不是被毒蛇咬伤的。无毒蛇咬伤的伤口有两行或四行均匀而细小的牙痕。毒蛇咬伤的伤口多为一对大而深的牙痕，并伴有红肿等中毒症状。

万一被毒蛇咬伤，应及时采取以下急救措施：

1. 用止血带或其他代用品在被咬伤的肢体上端进行缚扎，注意不能扎得过紧，缚扎时间也不能太长。

2. 用手挤压伤口周围，时间也不能太长，尽量把毒液排出。

3. 毒液排出后，把伤肢放进冷水中，并解开止血带。

4. 用1∶5 000的高锰酸钾溶液浸泡、冲洗伤口。

5. 尽快到医院治疗或做进一步处理。

交流讨论

1. 谈谈在户外活动时遇到猫、狗等动物侵害时的正确做法。

2. 请被动物咬伤过的人谈谈自身的治疗经历。

话题13 亲密接触易感染

引 言

随着人们生活水平的不断提高,养宠物的家庭越来越多。宠物种类五花八门,有猫、狗、猪,有鸟类,有龟、蛇、蜥蜴,还有鼠类等。有的人喜欢把猫、狗搂在怀里,有的人喜欢与之亲吻、共食,有的人甚至将之带上床,殊不知这些做法都是很危险的。因为几乎每种动物都携带大量的寄生虫,一旦从动物传染给人,后果会非常严重。

2011年6月至2014年年底,卫生部在全国31个省(市、区)开展人体重要寄生虫调查。共有350 000人接受检查,查出人体感染的寄生虫有26种,感染率高达20%。由此看来,人与动物科学相处,更好地预防寄生虫感染是十分必要的。

案例点评

案例1:据报道,湖北的花季少女小周患有怪病,反复高烧、下肢瘫痪,数年找不到病因。后经南方医科大学珠江医院骨科医生的努力,终于帮她揪出了致病的元凶。活检显示,她的下肢竟是被虫子蛀瘫的!原来,小周自小喜欢与猫、狗相伴,甚至带着猫、狗睡觉。医生推测她在幼年时已通过家里的宠物染上包虫病,由于多年受虫子侵蚀,21岁的她身上多处骨头已被不同程度噬空,术前已瘫痪在床近一年。

点评:

小周的病情表明,寄生虫可通过宠物传染给人,而且有可能在潜伏多年后才出现症状,发病时症状怪异,病因难寻。这个案例也给那些宠物爱好者一个警示。

案例2:妈妈给16岁的林可买了一只兔子作为生日礼物。林可非常喜欢,每天一回家就要先抱一会儿。没过几天,林可右边脸下半边出现了一小片密密麻麻的红癣,当时以为是吃东西过敏,妈妈去药店买了药膏给她涂上。可是涂了药膏之后,林可脸上的红癣反而越来越严重,覆盖了整个右脸的下半部分,连脖子上也出现了红斑。妈妈赶紧带她到东南大学附属医院皮肤科就诊,医生仔细询问了林可患病前后的情况并做了化验,结果显示是真菌引起的感染,估计和养的宠物兔有关。经过一段时间对症治疗后,林可脸上的红癣完全消退了。

点评：

林可的红癣是亲动物性真菌感染引起的，症状比较严重，如果治疗不及时、不彻底的话，有可能会留下疤痕。宠物身上携带的一些真菌和寄生虫可能会引起人的感染和过敏，因此养宠物一定要做好检查和防疫，避免亲密接触未接受防疫措施的宠物。

案例3：“我没想到生吃鱼、蟹会这么危险。”2013年年初，17岁的少女小郭看着湖南湘雅二医院大夫从自己脑部取出长达18厘米的寄生虫，后怕不已。3年来，这个少女反复发作癫痫，后经外科检查发现她脑内有一条罕见的脑裂头蚴。经过手术，医生从其左额叶脑组织中取出一条乳白色、长18厘米、直径1毫米的“长虫”，将其放入生理盐水中，虫子的头节竟然在水中游动起来。

点评：

这位少女儿时爱生食鱼、蟹，脑裂头蚴由此得以寄生在她的大脑里。吞食生的或未煮熟的蛙肉、蛇肉、鸡肉、猪肉，饮用生水、生吃水产品等都有可能感染寄生虫。

安全常识

一、寄生虫对人体的危害

1. 吸食、夺取人体的营养。寄生虫在宿主体内生长、发育和繁殖所需的物质主要来源于宿主，寄生的虫体越多，人体被夺取的营养就越多。如蛔虫和绦虫寄生在人的肠道中，夺取大量的养料，并影响肠道吸收功能，会引起宿主营养不良；钩虫附于肠壁上吸收大量血液，会引起宿主贫血。

2. 机械性损伤。寄生虫对所寄生的部位及其附近组织和器官可产生损害或压迫作用，如蛔虫多时可扭曲成团引起肠梗阻，棘球蚴寄生于肝脏内，可压迫肝组织及腹腔其他器官，蛔虫幼虫在肺内移行时穿破肺泡壁毛细血管可引起出血。

3. 毒性和抗原物质的作用。寄生虫的分泌物、排泄物和死亡虫体的分解物对宿主均有毒性作用，如阔节裂头绦虫的分泌排泄物可能影响宿主的造血功能而引起宿主贫血；棘球蚴囊壁破裂后囊液进入腹腔，可以使宿主发生过敏性休克，甚至死亡。

二、如何预防寄生虫感染

寄生虫的生存离不开它的依附体，切断寄生虫的传播途径就可以预防寄生虫。大多数寄生虫病都是经口而感染的，如蛔虫病、蛲虫病、绦虫病等；血吸虫病是经皮肤感染的；疟疾、丝虫病、黑热病等是由蚊子、白蛉等吸血昆虫传播的。

预防寄生虫病要做到：

1. 注意个人卫生，勤剪指甲，坚持饭前便后洗手。

2. 防止“虫从口入”。不喝生水，不吃生的或未煮熟的鱼、肉、虾、蟹，生吃瓜果、蔬菜前要洗净。

3. 避免手、脚等处皮肤与有钩虫丝状蚴潜伏的潮湿土壤和农作物接触。

4. 在血吸虫病疫区避免接触疫水。

5. 保护好水源，保护易感人群。

6. 改善环境，防蚊灭蚊，杀灭白蛉等传播寄生虫病的昆虫。

知识链接

一、我国防治寄生虫病的成就和现状

新中国成立以后，我国寄生虫病防治工作才被提到议事日程，各级政府首先花大力气对流行严重、危害最大的五大寄生虫病进行防治，取得了令人瞩目的成就。

1. 20 世纪 50 年代初期，我国疟疾的年发病人数逾 3 000 万，1990 年降到 17.5 万，1992 年全国 1 829 个疟疾流行县（市）中已有 937 个县（市）达到基本消灭疟疾的标准。

2. 严重危害人畜健康的血吸虫病流行于长江流域 12 个省（市、区），患者人数达 1 190万，经过几十年的防治工作，累计治愈患者 1 100 万；1992 年年底，全国 380 个流行县（市）已有 259 个县（市）达到消灭或基本消灭血吸虫病的标准。

3. 在新中国成立初期，淋巴丝虫病感染人数估计为 3 099 万，流行该病的有 15 个省

(市、区)的864个县(市),到1990年,除1个省28个县外,均已达基本消灭该病的指标。

4. 曾经流行于长江以北16个省(市、区)的665个县(市)的黑热病,患者达53万,经治疗病人和消灭媒介白蛉等措施,该病于1958年即得到全面有效控制,现在只有6个省(区、市)的30余个县有零星散在病例。

二、我国寄生虫病防治工作存在的困难和问题

1. 已取得显著防治成绩的寄生虫病的疫情不稳定,在部分地区出现了疫情反复现象。例如,疟疾流行因素尚未根本改变,海南、云南两省的恶性疟未得到有效控制,传疟的蚊媒难于消灭,仍广泛存在,近年时有突发流行和局部疫情回升现象出现。

2. 血吸虫病近年在某些原已控制的地区死灰复燃,急性感染人数增加,在洞庭湖、鄱阳湖等广大湖沼地区与地形复杂的川滇广大地区,传染血吸虫病的钉螺分布面积大,这些湖区和大山区至今还在探求行之有效的科学防治办法。

3. 丝虫病经过多年的群众性服药治疗,虽然在控制传染源方面效果显著,但由于虫媒问题未能解决,此病的威胁仍然存在,而且已基本消灭丝虫病的地区监测工作发展不平衡。

4. 在西北地区散布发生的黑热病病例从未间断,陇南、川北地区又出现新病例;此外,多种其他寄生虫病仍在危害人们的健康和生命。

模拟训练

● 读了上面的材料,请你说说人类与哪些动物共处易患寄生虫病?

宠物的生长环境相对具有不可控性,其病原寄生虫种类繁多,不少可在人畜之间传播,引起人畜共患寄生虫病,记载显示:狗、猫与人共患的寄生虫病有近40种。

● 从上面的材料分析,人体感染寄生虫病的途径有哪些?

1. 接触了被寄生虫感染的水、泥土或是动物的粪便或尿液。

2. 手在没有保护的状况下直接接触已受到感染的动物的分泌物,如血液、脓液等。

3. 徒手将虱子从动物身上抓下来并压破。

4. 呼吸已感染动物的飞沫。

5. 与动物亲密接触,被猫、狗舔舐、抓伤或是咬伤。

6. 生食或吃未煮熟的、生病的、已变质的动物肉。

● 对于家养动物可以采取以下措施来保证卫生。

1. 为家中宠物定期驱虫。狗、猫成年后每年应驱虫2~3次。

2. 经常给宠物洗澡。主人要有简单的防护措施,如戴上手套、穿工作服等,避免皮肤直接接触。若宠物太脏,可先用稀释的消毒液将宠物毛发打湿、消毒后再洗。

3. 宠物的排泄物要及时清理,最好做无害化处理,如消毒或深埋。

4. 在家中划定宠物的活动区域,定期消毒,最好别让宠物进入卧室、厨房。

5. 别给宠物吃生食，定期给宠物体检。

6. 抚摸宠物或和宠物亲密接触后要及时洗手、洗脸，避免搂抱、亲吻等过分亲昵的动作。

交流讨论

1. 谈谈人类与动物应如何科学相处。

2. 分享你饲养宠物的经验和体会。

Part 3

第三章　社会交往

同学们从迈进新校门的那天起就进入了一个全新的环境，并有了全新的人际交往圈。通过交往，同学之间从陌生到了解，并建立友谊，相互帮助，共同度过这段令人难忘的校园时光。

当下的青年学生思想前卫，个性张扬，自我意识很强，青年时期也是世界观逐渐形成的关键时期，但青年学生往往缺乏必要的社会经验和社交知识，易冲动，不能理智地把控自己，这就使得他们在社会交往中面对困顿往往无所适从，面对诱惑往往难以自拔。一旦交友不慎，沾染了黄、赌、毒的恶习，或抵挡不住虚拟世界的诱惑，陷入网瘾的魔爪，轻则荒废学业、影响身心健康，重则走上违法犯罪的道路。这方面的教训有很多，也很惨痛。

因此，在这一关键的阶段，我们要积极行动，帮助青少年学生培养正确的世界观，提高自觉性，增强法制观念，追求健康高雅的情趣，抵制各种精神垃圾的侵蚀，走好人生的关键一步。

专题六　社交远离诱惑

 话题 14　黄赌毒害易侵蚀

 引　言

黄赌毒，指卖淫嫖娼、贩卖或者传播黄色信息；赌博；种植、买卖或吸食毒品的违法犯罪现象。黄赌毒是严重危害社会的毒瘤，是全人类的公害。改革开放之门的打开，不可避免地将一些腐朽的意识形态也一齐放了进来，黄、赌、毒像幽灵般侵蚀着我们的灵魂和肉体，其引发的犯罪案件数量巨大，如广西公安机关在 2014 年 4 月开展的为期一个月的专项打击中，共侦破各类黄赌毒违法犯罪案件 5 000 余起，打掉犯罪团伙组织 50 多个，抓获各类违法犯罪嫌疑人 10 000 多名，收缴赌博游戏机 4 000 多台。

但是，黄赌毒的现象在一些地方仍不能得到有效遏制，有些地方的黄赌毒现象甚至在学生中间暗暗蔓延，这是一种很危险的倾向，社会各界和教育部门应予以高度重视。

 案例点评

案例 1： 17 岁的小海是一所技工学校的学生，2014 年下半年，小海通过别人发的网址登录了名为“爱城网”的黄色网站，为了免费看到更多的黄色图片和文章，小海按照该网站的要求从别的网站上下载淫秽图片、小说等转贴到该网上供他人浏览。安徽省马鞍山市花山区人民法院对这起网络传播淫秽内容案做出一审判决，以小海犯传播淫秽物品罪宣告判处其拘役 6 个月，缓刑 6 个月。

点评：

网络给现代人的生活带来了很多便利，但是，无孔不入的网上色情信息却像海洛因一样吞噬着青少年的心灵，冲击着数以百万计青少年的道德底线。小海作为一名学

生,辨别是非能力薄弱,没有意识到黄色内容对自己和对社会的危害,走上了犯罪道路。青少年学生要加强自身道德修养,接受科学的性教育。我们要净化网络环境,消除黄色网站的不良影响,提倡绿色上网。

案例2: 17岁的小强在假期结识了社会上的一些不良分子,并在他们的诱惑下多次参与赌博,还欠下5 000多元赌债。为了偿还赌债,小强多次手持三棱刮刀,强行劫取9名小学生的财物,劫得赃款人民币400余元。人民法院以小强涉嫌抢劫,依法对小强进行了刑事处罚。

点评:

小强参与赌博,最终因抢劫财物而被刑事处罚,可见赌博的危害很大。有一句谚语说:“赌徒的钱包上没有锁。”清朝的蒲松龄写道:天下之倾家者,莫速于赌;天下之败德者,亦莫甚于博。俗话也说:十赌九输。这些都说明赌博一无是处。社会上有许多人因为沉迷赌博失去了应有的人格,以致倾家荡产、家破人亡。这样的事情真是太不应该了。只有远离赌博、远离犯罪,我们的社会才会更和谐,家庭才会更美满,生活才会更幸福!

案例3: 16岁的男孩小华虽然从小爱玩好动,但学习成绩一直很好。这个年纪的孩子中爱打游戏的很多,小华也不例外。一次,小华在网吧认识了一群哥们。他们掏出一种白色粉末围坐在那里吸,一副飘飘欲仙的样子,一下子就引起了小华的好奇。当哥们怂恿小华尝一口时,他毫不犹豫地伸出了手。有了第一次,就有了第二次、第三次。后来,为了弄钱吸毒,小华开始学会说谎,学习成绩直线下降,也没心思上学了,甚至发展到骗低年级同学的钱。

点评:

小小年纪的“瘾君子”小华让我们在叹息之余更为他对毒品的不设防而痛心。吸食毒品犹如玩火,吸毒与犯罪是一对孪生兄弟。好奇无知是小华接触“白色幽灵”的主因。青年学生生理、心理都未完全成熟,乐于探索一切新鲜事物,其中有不少学生往往不了解吸食毒品的危害性。可悲的是,有的学生觉得摇头丸之类的东西根本不是毒品,甚至把吸毒看成“时尚”“有个性”,更有甚者,一些女孩子居然因相信吸毒有助于减肥、美容而“毅然下水”。殊不知吸毒是违法行为,吸毒者是在往绝路上走!

安全常识

案例中小海、小强、小华都是风华正茂的学生，却走上了传播黄色信息、参与赌博、吸食毒品的违法犯罪道路，可见黄赌毒对学生的身心侵蚀非常大。

一、认识黄赌毒的危害

1. 万恶淫为首，淫秽内容易导致社会风气败坏，引起各种各样的社会犯罪，危害巨大。

（1）党和政府三令五申禁止观看、传播淫秽书刊、录像，把它作为要扫除的“六害”之一，学生若观看和传播，就是一种明知故犯的违纪犯法行为。

（2）观看、传播淫秽物品会毒害同学的灵魂，使其迷失自我，很难再以道德准则和理性规范来约束和控制自己，深陷其中而不能自拔。

（3）观看淫秽书刊，传播淫秽录像，即使是那些“品学兼优”的“好苗子”也难免受影响，因而荒废学业。

（4）观看、传播淫秽物品严重危害社会和校园治安。淫秽书刊、录像最容易导致青年学生性犯罪，具有很强的“群体互感性”，也就是说，最容易引起“集体中毒”效应。

2. 赌博的危害：

（1）赌博严重影响学习、工作，损害身体健康。

（2）赌博严重影响人际关系。赌者夜不归宿，无心与朋友、同学交往。在赌博的过程中很容易争得脸红脖子粗，吵闹不休，甚至大打出手。

（3）赌博还会诱发违法犯罪。赢家有了钱，随心所欲，挥霍无度；输家耗尽钱财，债台高筑，为了还赌博之债，有的甚至铤而走险，进行诈骗、偷窃甚至杀人。

3. 毒品的危害：

（1）吸毒对身体的毒性作用：是指用药剂量过大或用药时间过长引起的对身体的一种有害作用，通常伴有机体的功能失调和组织病理变化。中毒的主要特征有：嗜睡、感觉迟钝、运动失调、产生幻觉、妄想、定向障碍等。

（2）戒断反应：是长期吸毒造成的一种严重的具有潜在致命危险的身心损害，通常在突然终止用药或减少用药剂量后发生。许多吸毒者在没有经济来源购毒、吸毒的情况下，或死于严重的身体戒断反应所引起的各种并发症，或由于痛苦难忍而自杀身亡。戒断反应也是吸毒者戒断难的重要原因。

（3）精神障碍与变态：吸毒所致的最突出的精神障碍是产生幻觉和思维障碍。吸毒者行为怪异，往往会围绕毒品转，甚至为了吸毒而丧失人性。

（4）感染性疾病：静脉注射毒品会带来感染性并发症，最常见的有化脓性感染和乙型肝炎以及令人担忧的艾滋病问题。此外，还会损害神经系统、免疫系统，使吸毒者易感染各种疾病。

(5) 对家庭的危害：家庭中一旦出现了吸毒者，家便不成其为家了。吸毒者在自我毁灭的同时也在破坏自己的家庭，使家庭陷入经济破产、亲属离散甚至家破人亡的困难境地。

(6) 对社会生产力的巨大破坏：吸毒首先导致身体疾病，影响生产；其次是造成社会财富的巨大损失和浪费；同时毒品活动还造成环境恶化，缩小了人类的生存空间。

(7) 毒品活动扰乱社会治安：毒品活动加剧诱发了各种违法犯罪活动，扰乱了社会治安，给社会安定带来巨大威胁。

案例中三位学生的结局令人痛心，我们一定要增强法律意识，净化心灵，洁身自好，防范黄赌毒的侵蚀。

二、怎样才能远离黄赌毒

1. 提高自我免疫力，构筑强有力的思想防线。充分认清黄赌毒的社会危害，无论何时何地都要能经得起诱惑和考验。特别是面对亲朋好友的“劝降”时，对“享受人生”和“要对得起自己”等言论要坚决抵制，自有主见，不沾染黄赌毒。

2. 洁身自好，不该去的地方不去。社会上有的公共娱乐场所，如桑拿洗浴中心、网吧、酒吧、KTV 歌厅等，程度不同地容留黄赌毒。学生要守得住校园的宁静，耐得住学习的寂寞，不要混入那些是非之地。

3. 保持清醒的头脑，理智行事。节假日之时、朋友喝酒聚会后，不少人经常会尝试新的游戏方法、观看新奇影视录像制品等，在这些时机和场所，青年人沾染黄赌毒的概率较高，因此要学会自控、自逃，不要陷入其中。

4. 同学之间要互相帮助，义正词严。自己一旦有轻微劣迹，要听得进批评和教育，接受别人的规劝；要主动向学校老师坦白认错，认真悔过自新，揭发检举组织黄赌毒的首要分子。

知识链接

一、如何看待性和黄色淫秽

说到性，就是动物性的一个特征，动物的性行为是为了繁衍后代，这是一件很重要的事情。

青少年到了青春期或性成熟期，性意识觉醒，随之出现性冲动和对异性的眷念、神秘之感，对两性关系存在好奇，这是正常的。

其实人有一半神性、一半动物性，起码大部分人还没有那种能抑制基本生理需求欲望的能力。青少年生理的成熟和心理的不成熟形成巨大的反差，往往分不清什么是正确、什么是错误,什么是合法、什么是违法。在这样的情况下,黄色淫秽物品利用其夸大的、不科学的性描绘对青少年进行引诱和挑逗。青少年在缺乏是非观念和自制力的情况下,可能会不自觉地模仿其中的情节或做法,于是一步步走向邪路,甚至陷入犯罪的深渊。

因此,我们要正确地看待性,性可以很神圣,也可以很龌龊,理性地看待、正确地接纳就行了。青少年一定要自觉筑起防腐蚀的堤坝,应当学习一些必要的性知识,了解自己身体和心理的变化;接受性道德规范和法制的教育,以道德准则和理性来约束和控制自己。同时,要树立正确的人生观、价值观,不看黄色书刊或录像,不听歪门邪道的性故事,不说下流话(包括不开一些有关性的庸俗低级玩笑),不做越轨的事。

二、赌博的心理分析

赌博心理包含以下特点:

1. 贪欲与冒险心理。在拜金主义思潮影响下,不少人急功近利,追求快速致富,当无法通过正当途径满足其欲望时,赌博这种冒险手段就被他们认为是通向发财之路的阶梯。

2. 投机与侥幸心理。赌博的胜负是不规则的,带有极大的随机性、偶然性,迎合了人们以小博大、不劳而获的投机与侥幸心理,输赢结果对赌徒是一个强化刺激,易使其失去自制力,欲罢不能,至死不悔。

3. 娱乐和消遣心理。丰富的赌博内容和形式具有强烈的竞争性和独特的随机性,能满足人们不同层次、不同类型的心理需要,符合人们娱乐和消遣的心理,然而发展的最终结果大多与娱乐和消遣目的相背离,达到不可收拾的程度。

4. 寻求刺激心理。赌博可以使人们追求刺激的欲望得到满足。它给人带来物质和精神的双重刺激,这种金钱上和心理上的满足会强化赌徒的赌博行为。

5. 公关心理。在一些特殊环境和条件下,为使权钱交易顺利而安全地完成,交易双方精心安排并参与赌博,其间,求助者故意大把“输钱”,被求助者轻松地大把“赢钱”后,“输”家心甘情愿,“赢”家心安理得,权钱交易,大家心知肚明。

6. 赌博文化心理。这是在赌博氛围下所产生的一种刺激、支配赌博行为的心理状态。赌博首先赋予赌徒一种宿命论的心理状态;其次,赌博还赋予赌徒一种自我解嘲的心理状态;再次,赌博使赌徒形成以赌博胜败论英雄的心理状态,驱使赌徒们在英雄观支配下赢了还想赢、输了想“翻本”,欲罢不能。赌徒们很快被这种文化心理所同化,发展到嗜赌如命的程度。

三、常见的新型毒品

1. 冰毒。冰毒的精神依赖性极强,目前已成为国际上危害最大的毒品之一。

2. 摇头丸。俗称“迷魂药”,由于滥用者可出现长时间难以控制地随音乐剧烈摆动头部的现象,故称为“摇头丸”。片剂,形状多样,五颜六色。

3. K 粉(氯胺酮)。静脉全麻药,有时也可用作兽用麻醉药。一般人只要足量接触两三次即可上瘾,是一种很危险的精神药品。K 粉外观上是白色结晶性粉末,无臭,易溶于水,可随意勾兑进饮料、红酒中服下。

4. 麻古。“麻古”系泰国语的音译,是一种加工后的冰毒片剂,外观与摇头丸相似,通常为红色、黑色、绿色的片剂,属苯丙胺类兴奋剂,具有很强的成瘾性。

模拟训练

● 你在上网时如何防止误入色情网站?

1. 自觉安装不良信息过滤软件,如绿坝导航,要有不良关键词过滤和网址过滤功能,避免被网络上黄赌毒等有害信息内容侵蚀。

2. 通过网址导航进入相应网站,如 hao123 网址之家,也可在地址栏内键入需要进入网站的网址。这样可以有效地进入需要的网站,避免进入一些来路不明的网站,从而误入不良网站。

3. 安装杀毒软件和防火墙,防止木马入侵电脑,避免自动弹出不良网页传播病毒、窃取信息等。

4. 如果误入色情网站,不要怀着好奇心继续点击,而是应记下网址,到互联网违法和不良信息举报中心网站举报。

● 你如何劝说同学不要赌博?

1. 赌博易使人产生贪欲,久而久之会使我们的人生观、价值观发生扭曲。

2. 大量浪费学习和休息的时间,以致严重影响学习,导致成绩落后,甚至造成留级、退学等不良后果。

3. 毒害学生的心灵,赌博活动易使人产生好逸恶劳、尔虞我诈、投机侥幸等不良的心理品质。

4. 赌博习惯不及时改正,长大后可能成为赌棍或职业赌徒。

5. 经常赌博还会沾上吸烟、饮酒、说谎、打架、偷窃等坏习气,因此,赌博对学生是有百害而无一利的。

● 一旦发现有同学吸毒怎么办?

1. 发现自己的同学吸毒,一定要加以劝阻和警告,用法纪晓以利害,指出吸毒的危害性,使其终止吸毒。千万不能因为对方是自己的老朋友或要好的同学,就睁只眼闭只眼,放任不管。

2. 如果同学不听劝告或阳奉阴违、劣性不改,应该将这些情况立即报告老师和学校保卫部门,由他们出面加以干预,做其思想教育工作,积极联系戒毒单位,使其改弦易辙,强制戒毒,回到正路上来。

3. 如果吸毒同学要你“保密”,你应该坚决拒绝,不然就是知情不报,类似包庇犯罪。如果吸毒同学为了“保密”而想贿赂你,你要严正拒贿,绝不可随便接受其钱物。

4. 发现同学在外聚众吸毒时，你一定要保持冷静，仔细观察，收集证据，注意斗争策略。若冒冒失失地下结论，在没有掌握其足够证据的情况下，对方通常会抵赖、起哄，使你"空口无凭"，你就会显得相当被动。同时，还要防止对方会伤害你。

交流讨论

1. 请你说说身边人迷恋赌博游戏机的危害。

2. "我的自制力强，即便吸点毒品也不会上瘾"，对此谈谈你的看法。

3. 如何区分正常性幻想和黄色淫秽？

话题15 不良嗜好伤健康

引 言

吸烟和过量饮酒不仅会危害自己的身体,也会对他人造成伤害,还会产生不良的社会影响。

吸烟对青少年危害更大。医学研究表明,青少年正处在生长发育时期,各生理系统、各器官都尚未成熟,其对外界环境中有害因素的抵抗力较成人弱,易于吸收毒物。据美国25个州的调查,吸烟开始年龄与肺癌死亡率呈负相关。若将不吸烟者的肺癌死亡率定为1.00,15岁以下开始吸烟者的死亡率为19.68,则20—24岁为10.08,25岁以上为4.08,这说明开始吸烟的年龄越早,肺癌的发生率与死亡率越高。吸烟还会损害大脑,使思维变得迟钝,记忆力减退,影响学习和工作,使学生的学习成绩下降。心理研究结果表明,吸烟者的智力效能比不吸烟者低10.6%。

同学们,吸烟、饮酒对我们的身体影响很大,让我们多了解一些常识,关注健康话题。

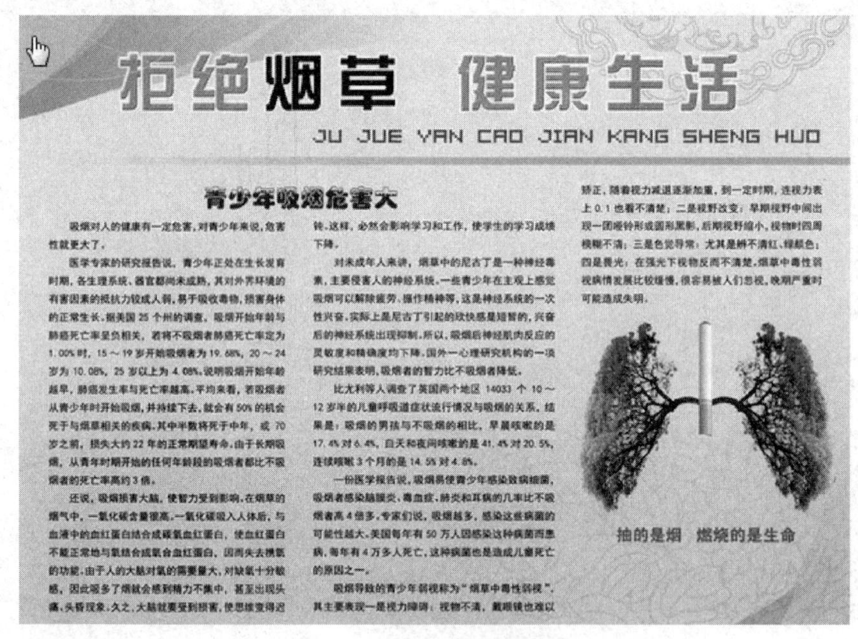

 案例点评

案例1: 刘某,男,某职业学校一年级学生。学习成绩在全班倒数,经班主任批评后,不但没有上进意识,相反,品质上也出现了问题。该生在宿舍、厕所、教室聚众吸烟,目无校纪,并且引诱班上几名同学也染上了吸烟的恶习。他还伸手向父母要钱买烟并以烟会

友，结识了几位社会不良青年，当他的自我需要受到他人的阻碍时，他就暴跳如雷，并报复他人。

点评：

吸烟现象在许多职业学校是客观存在的，并且这种现象在数量上有不断上升的趋势。在违反校纪校规的情况中，因吸烟导致违纪的人数占很大比例，而且吸烟常与酗酒、赌博、盗窃、打架等现象伴随，引起了家长、学校、社会的困惑与不安。面对学生的吸烟现象，学校制定了相关的纪律要求，同时也有相当严厉的惩罚措施，但学生在厕所、宿舍、教室、街道等公共场所吸烟的现象屡见不鲜、屡禁不止，教育效果甚微。学生正处于生长发育的关键时期，各生理系统、各器官的发育不成熟，对外界环境中有害因素的抵抗力弱，好奇心重，模仿性强，一旦染上吸烟的坏习惯，会危害身心的健康发育和成长。

案例2：2014年5月20日晚，湖北省郧县某乡镇17岁学生郭某某将女生周甲、周乙（分别为16岁和15岁）约至邻近乡镇一家宾馆吃饭，三人均喝醉。后郭某某趁喝醉酒的两名女生不省人事之机将两人强奸。当天晚上，两位女生的父母见孩子没回家就报警。郭某某被警方抓获。法院审理认为，郭某某的行为已构成强奸罪。鉴于郭某某犯罪时不满18周岁，且其认罪态度较好，在庭审中自愿认罪，法院对其从轻处罚，判处其有期徒刑4年。

点评：

郭某在酒精麻痹下放纵自已，情绪激动，很容易受到外界环境的影响，不会理智考虑事情的对错以及后果；而周甲、周乙两人缺少防范意识，大量饮酒后不省人事，让犯罪分子有机可乘，这些都是醉酒造成的严重后果。据有关统计，青少年犯罪有30%是饮酒引起的。酒精对大脑的刺激容易让人的认知能力和控制能力降低，使人往往仅凭自已的感觉行事，不再顾忌社会规章制度的约束，遇到问题则多采取较为极端和简单的方法解决，容易引发暴力犯罪。

安全常识

一、认识吸烟的危害

1．从生理上来说，学生正处在长身体的阶段，身体各器官系统还没有发育成熟，对烟草危害的抵抗力还比较弱，容易遭受烟草的毒害。研究表明，青少年吸烟成瘾可能引起思维的严重退化和智力功能的损伤，严重的会导致思维中断和记忆力障碍，吸烟者的联想、记忆、想象、计算、辨认力、智力效能比不吸烟者降低了10%左右,而且注意力也难以集中。

2. 从经济上来说,学生的首要任务是学习而不是赚钱。学生在经济上完全依赖于父母的支持,并不具备独立自主、自食其力的能力。吸烟的学生一旦发生“经济危机”,往往会采取一些非法的手段,如偷家里的或他人的烟与钱,甚至不惜抢劫、敲诈勒索,做出违法乱纪的行为。

3. 从道德上来说,吸烟不但危害身体健康,还污染空气,损害周围人群的健康。可以说,在公共场所吸烟是很不道德的行为。

二、让我们来探讨一下学生吸烟的原因

1. 受好奇心驱使,模仿长辈、教师等的吸烟行为。
2. 对谚语、俗语、俚语的实践性尝试,如“饭后一支烟,赛过活神仙”。
3. 把吸烟误认为是人际交往的一种方式。
4. 出风头,表现男子汉气概,把吸烟与男子汉气概等同。
5. 掩饰自卑、孤独的心理,以摆脱学习上或人际关系上的挫折感。
6. 被动接受他人递烟,从众心理起作用。

三、清楚认识过量饮酒对身体和心理的危害

1. 青少年饮酒可以导致谋杀和自杀等严重后果。由于男女身体结构和生理特征不同,女孩过度饮酒的危害更大。一个女孩喝一杯酒的危害与一个同龄男孩喝两杯酒的危害程度相同。有些研究报告指出,大约有27%的青少年在滥用酒精。这表明酒精的使用已影响到他们的身体健康和在校表现,影响到应付愤怒、焦躁或沮丧等情绪感觉的能力,同时也影响到他们跟家人、朋友的沟通能力。

2. 饮酒后约20%的酒精立即被胃吸收,其余全部被小肠吸收。吸收进血液中的酒精,除了极少数(10%)由汗、尿、唾液和呼吸排出外,其余的90%要经过肝脏解毒,但是肝脏的解毒能力有限,因此饮酒会使人的组织器官和各个系统都受到酒精的毒害。青少年发育尚未完全,各器官功能尚不完备,对酒精的耐受力低,肝脏处理酒精的能力差,因而更容易发生酒精中毒及脏器功能损害,可能埋下肝硬化、胃癌、心血管病等疾病隐患。长期饮酒,可引起营养和代谢失调,造成蛋白质、维生素及矿物质供应不足,损害牙齿,影响青少年的生长发育。

3. 酒精对人的中枢神经系统的危害最严重。中枢神经系统有兴奋和抑制作用,少量饮酒可令人兴奋,过量则形成抑制作用;如果饮酒过量,就会脸红,说胡话,然后站立不稳甚至醉倒、呕吐等;也可能会导致昏睡,面色苍白,血压下降,最后陷入昏迷;严重的还可能引起呼吸困难、窒息,有人甚至因酒精中毒而死亡。由于青少年的视神经尚未发育完善,当血液酒精浓度达到15~55毫克/100毫升时,视力会严重减弱;当达到200~300毫克/100毫升时,可发生复视。饮酒后,不仅神经反射的速度显著减慢,酒精对脑细胞的损

害也相当大，对大脑发育极为不利，易造成学习效率降低，或在体育比赛中难以创造出理想的成绩，还容易导致各类安全事故。

4. 青少年饮酒还容易引起肌肉无力和性发育早熟。酒精对精子和卵子都有毒害作用，容易造成不育或影响胎儿生长发育。女孩饮酒还容易未老先衰。东晋时代的文学家陶渊明文章写得酣畅淋漓，如行云流水，洒脱自然，但他嗜酒如命，结果他的三个儿子都是智障者。这好像有些不可思议，但正常推理极有可能是由于酒精的毒性作用。因为酒精可以改变生殖细胞中脱氧核糖核酸上的碱基排列，引起基因突变，染色体异常，这些不正常的基因被遗传给下一代，就会造成下一代的畸形。

5. 长期饮酒会使人的身体系统对酒精习以为常，从而其就可能会对酒产生依赖。青少年很容易在饮酒的同时服食毒品，这也是相当危险的事情。

6. 青少年最初染上烟酒恶习的原因很多是源于模仿成年人或某些影视作品，认为边喝酒边吸烟的形象是十分“酷”的表现。调查表明，青少年吸烟和饮酒行为互相作用，关系密切，吸烟者往往饮酒，而饮酒者大都吸烟。这种烟酒同吸同饮的后果极其严重，因为烟中的尼古丁能溶于酒精，使人体内的尼古丁含量更高，危害也更大，有这种习惯的人极容易患喉癌。

7. 青少年神经系统还较稚嫩，自制能力差，酒后易行为失控，容易产生某些心理疾病，如心理脆弱或者智力缺陷，经常饮酒者中大约有 15% 的人可能会患各种精神疾病。青少年饮酒还可能诱发各种违纪违法行为，甚至危及生命，如偷食禁果、与人争斗、擅自驾车等。

知识链接

一、烟草中的有害成分及其危害

香烟在不完全燃烧过程中会发生一系列的热分解与热合成的化学反应，形成大量新的物质，其化学成分很复杂，从烟雾中分离出的有害成分达 3 000 余种，其中主要有毒物质为尼古丁（烟碱）、烟焦油、一氧化碳、氢氰酸、氨及芳香化合物等一系列有毒物质。

1. 尼古丁：一种与海洛因、可卡因一样容易让人上瘾的化学物质。当你吸烟时，尼古丁只需 10 秒钟就可进入你的大脑，使你心跳加快，增加你患上心脏病的风险，同时使你在不吸烟时产生脱瘾症状。

2. 一氧化碳：汽车排出的有害气体中也含有一氧化碳，它可取代人体内 15% 由血红球负责输送的氧气，从而造成气喘、体力不足。一氧化碳也会损害血管内壁，导致动脉粥样硬化加重，脂肪沉积在血管壁上，加重血管阻塞，增加罹患心脏病的概率。

3. 焦油：焦油中含有很多致癌物质和其他化学物质，包括丙酮、DDT、砒霜、甲西醛、氨以及其他约 4 000 种有害物质与致癌物质。

香烟中的这些物质不但可引起咽喉炎、支气管炎，而且还有致癌的作用。吸烟还可能促进动脉粥样硬化和溃疡等多种疾病的发生。

二、少量饮酒能促进血液循环

人体肝脏每天能代谢的酒精约为每千克体重 1 克。一个体重 60 千克的人每天允许摄入的酒精量应限制在 60 克以内。体重低于 60 千克者应相应减少酒精摄入量，最好掌握在 45 克以内。换算成各种成品酒应为：60 度白酒 50 克、啤酒 1 千克、威士忌 250 毫升。红葡萄酒虽有益健康，但也不可过量饮用，以每天 2 ~ 3 小杯为佳。

模拟训练

● 假如你有烟瘾，有哪些方法可以让你成功戒烟呢？

1. 特意在一两天内超量吸烟(每天吸两包左右)，使人体对香烟的味道产生反感，从而戒烟；或在患伤风感冒没有吸烟欲望时戒烟。
2. 想象自己在吸烟，同时想象令人作呕的事情(比如你手中烟盒或香烟上有痰渍等)。
3. 将戒烟的原因写在纸上，经常阅读并尽量补充新内容。
4. 将想购买的物品写下来，按其价格计算可购买香烟的包数。逐日将用来购买香烟的钱储存在“聚宝盆”内，每过一个月清点一次钱数。
5. 同朋友打赌，保证戒烟。当然这要用自己的烟钱作为赌注。
6. 不整条买烟。
7. 不随身带烟、火柴或打火机。
8. 每周换一种牌子的香烟，但新品牌香烟的焦油含量必须低于原品牌香烟的焦油含量。
9. 经常思考烟雾中的毒素可能对肺、肾和血管造成的危害。
10. 观察烟味对呼吸、衣服和室内陈设造成的影响。
11. 考虑一下你的行为对家庭其他成员造成的危害，他们正在呼吸被污染了的空气。
12. 问自己你的健康对你的父母和亲朋是否重要。

交流讨论

1. 请你策划一堂“吸烟有害健康”的主题班会课。
2. 请你谈谈对“酒胆包天”的认识。

专题七　看清虚拟世界

话题16　网络游戏勿沉迷

引　言

互联网的飞速发展为我们打开了一个充满神奇的虚拟社交世界,也使诸多的青少年朋友陷入了迷茫和困惑。不少青少年由于种种原因而沉迷于虚拟网络世界,被暴力、色情游戏等不良网络内容吸引,过度沉迷产生网瘾而难以自拔。

网瘾是指上网者由于长时间地和习惯性地沉浸在网络时空中,对互联网产生强烈的依赖,以至于达到了痴迷的程度而难以自我解脱的行为状态和心理状态。网瘾会造成青少年人格不健全,不仅影响青少年正常的学习、生活和人际交往,还有可能给社会带来巨大危害,甚至使青少年走上违法犯罪的道路。

据联盾护航360调查发现,中国城市青少年网民中有网瘾者约占13%,估计人数在3 000万以上。在非网瘾青少年中,1 800万人以上有网瘾倾向。有近七成的网瘾青少年达到轻度或中度。在青少年网瘾人群中,13—17岁的未成年人比例为14%,18—23岁的青少年的比例最高。

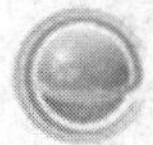

案例点评

案例1: 技工学校学生李某长期迷恋电脑游戏,上课时注意力不集中,从而导致成绩下降。他游戏上瘾,夜不能寐,晚上常常从宿舍溜出到网吧上网,一直玩到天亮,早上上课则昏昏欲睡。问他为什么违反校规出去通宵打游戏,他说:“有一关我没打过,睡不着,想想我能过关的,所以就又去了。”

点评：

李某玩游戏成瘾，长时间沉迷于网络游戏，导致生活节律紊乱，一旦停止电脑游戏活动，便难以从事其他有意义的活动，情绪低落，思维迟缓，记忆力减退，出现难以摆脱的渴望玩游戏的冲动，形成精神依赖和相应的生理反应。这些行为特征与毒品成瘾的行为特征有着许多相似之处。

案例2：一名17岁的中学生从家里偷出600元钱，连续四天四夜在网吧玩游戏，网络游戏的激烈刺激、惊心动魄的打斗使他血压升高，心跳加速，再加上过度疲劳，最后该学生猝死于网吧。

点评：

该学生受网络的引诱而沉湎于其中，从而诱发了网络心理障碍。网络心理障碍是指患者上网成瘾，无节制地花费大量时间和精力在互联网上持续进行聊天、玩网络游戏等活动，进而迷恋网络，如果离开网络就会产生各种病症，以致损害健康，造成人格障碍和神经系统失调。典型的表现是厌食、失眠、精神萎靡、冷漠、孤僻、丧失兴趣，严重者甚至有自杀念头和自杀行为。青少年学生常见的网络心理障碍主要有孤独抑郁、游戏成瘾、色情成瘾、网恋等。

案例3：2015年12月，江苏如东一名19岁的少年为了要钱上网不惜用铁锤砸死把他一手抚养成人的奶奶，并在奶奶没有了呼吸之后若无其事地拿着钱去上网。

点评：

网络暴力游戏往往设置为积分制，含有大量对抗情景和类似于现实的场景，长时间感受这种近似逼真的体验，青少年往往会变得习惯于打打杀杀的血腥场面，分不清虚拟世界和现实世界，把游戏与生活实际相混淆，从而使自己的思想、情绪发生更剧烈的变化，变得富于攻击性，暴力倾向更强。一旦他们在现实生活中体验到类似网络暴力的情感和环境，往往容易丧失理智，毫不犹豫地把在虚拟游戏中的行为运用于现实的人际冲突，导致悲剧发生，这正是本例中少年犯罪的一个重要的诱发因素。

安全常识

一、正确看待网络游戏

时代迁移，科技发展，我们已经迈入信息网络化时代。网络开启了一个全新的、缤纷的世界。网络游戏本身并没有错，关键是我们如何正确使用它。适量地玩网络游戏可以放松身心，缓解压力；但如果过于沉迷网络游戏，就会影响工作和学习。

1. 网络游戏的好处。

(1) 在游戏里可以结识许多新的朋友，从中学会人际关系和互相尊重。

(2) 网络游戏可以增强团队合作意识，如组团打怪等游戏。

(3) 网络游戏可以使玩家的头脑灵活，激发出新的想法，使玩家变得更加机智和聪明，提高玩家的思考能力和应变能力。

(4) 网络游戏可以缓解压力，平复烦躁的心情。

(5) 在游戏过程中，玩家可以获得满足感和成就感，增加自信心和卓越感。

(6) 游戏中会遇到各种关卡，玩家可以学会以积极、坚强的心态面对困境，从而战胜困难。

2. 网络游戏成瘾的坏处。

网络游戏是一把双刃剑。在校学生因涉世不深，自控力差，更容易被网络游戏迷惑、奴役，从而造成身心伤害。一旦产生网瘾就如同染上毒品，其危害也是巨大的。

(1) 伤害身体。

青少年正处于身体发育的关键阶段，一旦沉迷于网络世界，就会长时间连续上网，身体的新陈代谢、正常的生物钟会遭到严重破坏，身体容易变得非常虚弱。有研究表明，青少年长期沉溺于网络，不仅会影响大脑发育，还会导致神经系统紊乱、激素水平失衡、免疫功能衰竭，从而引发紧张性头疼，甚至导致死亡。同时，不良的上网环境也会损害青少年的身体健康，网吧大多空间拥挤、空气浑浊、声音嘈杂，青少年在这种环境下长时间上网，也容易被传染上疾病，甚至引发猝死。

(2) 心理异常。

网络成瘾对青少年健全心理的发展也是一个严峻的挑战。长期上网会引发青少年网络孤独症和忧郁症等心理疾病，使青少年过分关注人机对话，对外界刺激缺乏相应的情感反应，对亲友冷淡，对周围事物失去兴趣，严重时对一切都漠不关心，把与别人的交往当成一种可有可无的事情，变得越来越孤僻，造成青少年的个性缺陷。

网络成瘾者一旦停止上网便会产生上网的强烈渴望，难以控制对上网的需求或冲动，这种冲动使其在从事别的活动，如工作、学习时注意力不集中、不持久，从而造成青少年心理错位和行动失调。

网恋和网络聊天会引发青少年的感情纠葛，导致各种情感问题，造成青少年的心理创伤。网络成瘾者过度沉迷于网络中的虚拟角色，容易迷失自我，将网络上的规则带到现实生活中，从而导致自我认识的障碍。

（3）道德认知模糊。

在网络世界，网民的性别、年龄、相貌、身份等都能借助网络虚拟技术得到充分隐匿，网民之间的交往没有责任也没有义务。网民不必面对面直接打交道，从而摆脱了熟人社会众多的道德约束。青少年在网络世界中缺少了以教师、家长为核心的人际关系对他们行为的监督，他们在网上自由任性，缺少道德自律，容易在网络游戏、黄色网站中放纵自己的欲望。其人性中恶的一面也可能会因为没有道德的约束而得到充分宣泄，这就弱化了青少年的道德意识和社会责任感，有可能导致他们走向犯罪的道路。

同时，网络信息良莠不齐，其中不乏一些色情、暴力信息，涉世未深的青少年也容易受到不良信息的诱导，最终可能误入歧途。近年来，未成年人的暴力犯罪率和性犯罪率明显上升，这与网络游戏中大力宣扬暴力、色情有很大关系。更有一些青少年为了支付上网费和装备升级的费用而走上犯罪的道路。

（4）影响人际交往能力。

首先，网络成瘾者大多性格孤僻冷漠，容易与现实生活产生隔阂，导致自我更加封闭，进而不断地走向个人世界，从而拒绝与人交往。同时，网络成瘾者沉溺于完美的网络世界之中，沉醉于一种虚幻的满足感，他们从网络中得到了个人归属感，他们可以在网络世界充分张扬自己的个性。在虚拟的网络世界里，他们已经拥有了一切，而在现实世界中，一切都不是那么完美，朋友的欺骗，爱人的背叛，会使他们认为现实生活中的人际交往是一种可有可无的事情，从而不愿意在现实中与人交往，拒绝融入现实社会，这是网络带给网瘾青少年的一大问题。

其次，沉溺于网络世界中，还造成了青少年与他人交往频率的降低。他们迷恋人机对话模式，对着电脑屏幕行文如水、滔滔不绝，一旦丢掉键盘、鼠标就变得沉默寡言，在现实生活中语言表达能力出现障碍，只有到了电脑前，手按着键盘，才能表达自己的想法，从而在现实生活中很难与别人交流。更有甚者，还会得一种名叫"社交恐惧症"的心理疾病，具体表现为怕与人见面、谈话，见人就紧张，面红耳赤、颤抖，因此常独居屋内，避不见人。调查表明，56.3%的网络成瘾者人际关系较差。

（5）影响学业。

在校学生痴迷网络游戏，满脑子想的都是"升级""装备""秘籍"。这不但会花费大量的课余时间，而且可能会使其厌恶现实中正常的学习生活，上课精力不集中，不完成作业，经常逃课、逃学，有的甚至辍学，严重影响学业。

（6）影响家庭。

一个幸福美满的家庭若出现了网络成瘾的孩子，就意味着这个家庭将告别安宁。沉迷网络游戏，一方面增加开销，给家庭带来经济压力；另一方面为了帮助孩子戒除网瘾，家人们常常心力交瘁，甚至会遭到孩子的威胁、攻击和伤害。

(7) 违法犯罪。

玩网络游戏需要很多金钱和时间。由于学生做事不成熟、不理智,缺乏控制力,因此,网络成瘾的人可能会为了获得足够的金钱或上网的自由去诈骗、抢劫、盗窃,甚至向亲人挥刀。

二、有网瘾的征兆

1. 每天上网超过 8 小时,且时间越来越长,无法自控,特别是晚上,常上网至深夜。

2. 行为反常。上网成瘾的青少年不仅会有视力下降、生物钟紊乱、神经衰弱等生理特征,甚至还会有逃学、废寝忘食、不与人交往、对人冷漠、暴躁、关闭电脑后急躁不安等行为或特征。

3. 经常在网上与陌生人聊天、通电话、约会等,电脑里常出现暴力、色情、赌博等画面,经常说谎并隐瞒上网的情况。

4. 不惜借钱或甘冒一定危险上网,如去偷钱或者盗用别人账号上网等。

5. 因担心电子邮件是否送达而睡不着觉,一到电脑前就废寝忘食,常上网发泄痛苦、焦虑等。

以上症状是上网综合征的初期表现。严重者则表现为上网时身体会颤抖,手指头经常出现不由自主敲打键盘的动作,再发展下去,舌头与两颊会僵硬甚至失去自制力,出现幻觉。

三、如何预防产生网瘾

1. 遵守网络规则,保护自身安全。

在上网时要遵守《全国青少年网络文明公约》,同时保护好自身安全,做到: ① 保守自己的身份秘密;② 不随意回复信息;③ 收到垃圾邮件应立即删除;④ 谨慎与网上"遇见"的人见面;⑤ 如果在网上遇到故意伤害,应该寻求家长、老师或者自己信任的其他人的帮助;⑥ 不进行可能会对其他人的安全造成影响的活动。

2. 学会目标管理和时间管理,提高上网效率。

做到: ① 不漫无目的地上网; ② 上网前订好上网目标和要完成的任务,③ 事先筛选上网目标,排出优先顺序; ④ 根据要完成的任务情况合理安排上网时间; ⑤ 不要为了打发时间而上网。

3. 积极应对生活挫折,不在网络中寻求安慰,逃避现实。

要认识到成长的过程不会一帆风顺,遇到困难和挫折时要积极应对,向家长、老师和其他人请教解决办法,不到网络中逃避。

四、一旦有了网瘾该如何有效戒除

1. 教育疏导法。

网瘾尚不严重者可适当将自己的苦恼告知朋友、家长或老师,请他们协助进行积极的正面教育。自己记录网络游戏成瘾的危害,从而自我反省,认清危害,从心理上矫正自

己。若已经严重沉迷网络，则需寻找专业的心理医生帮助戒除网瘾。

2. 时间控制法。

在进行教育疏导时，应在朋友、家人的督促下严格控制上网时间，逐周递减，比如可由最初的昼夜上网缩减到十几个小时，再由十几个小时缩减到八九个小时，直到每天上网两个小时，甚至不上网，这样循序渐进，可慢慢消除对网络游戏的依赖。

3. 转移兴趣法。

针对自身特点和爱好，由家人或朋友带其多参加有意义的、本人喜欢的集体活动，如打球、游泳、旅游等，以转移对网络的兴趣，使其淡化网瘾。

4. 奖励惩戒法。

自我制订切实可行的奖惩措施。例如，若本周能将每天上网时间控制在一小时内，周末可以给自己购买一个心仪的东西；若考试不达标，则每天减少一小时上网时间等。上述方法均有助于调动其消除网瘾的积极性。

以上方法可以综合运用，做到多管齐下、标本兼治，直至最终成功戒除网瘾。

知识链接

一、网络游戏

网络游戏的英文名称为“Online Game”，又称“在线游戏”，简称“网游”，指以互联网为传输媒介，以游戏运营商服务器和用户计算机为处理终端，以游戏客户端软件为信息交互窗口，旨在实现娱乐、休闲、交流和取得虚拟成就的具有可持续性的个体性多人在线游戏。

根据使用形式不同，目前网络游戏可以分为以下两种：

一是基于浏览器的游戏，也就是我们通常说到的网页游戏，又称“Web 游戏”，它不用下载客户端，简称“页游”。是基于 Web 浏览器的网络在线多人互动游戏，只需打开网页，10 秒钟即可进入游戏，不存在机器配置不够的问题，最重要的是关闭或者切换极其方便，尤其适合上班族。

二是客户端游戏。这种游戏是由公司所架设的服务器来提供的，而玩家们则是由公司所提供的客户端来连接上公司服务器以进行游戏，现在所谓的网络游戏大都属于此类型。此类游戏的特征是大多数玩家都会有一个专属于自己的角色（虚拟身份），而一切角色资料以及游戏资讯均记录在服务器端。

二、网瘾的判断标准

1. 对上网有强烈的渴望或冲动，想方设法上网。

2. 经常想着与上网有关的事，回忆以前的上网经历，期待下次上网。

3. 多次对家人、亲友、老师、同学或专业人员撒谎，隐瞒上网的程度，包括上网的真实时间和费用。

4. 自己曾经做过努力，想控制、减少或停止上网，但没有成功。

5. 若几天不上网，就会出现烦躁不安、焦虑、易怒和厌烦等症状，上网可以减轻或避免这些症状。

6. 尽管知道上网有可能导致或加重原有的躯体或心理问题，但是仍然继续上网。

模拟训练

● 你有网瘾吗？自我测试一下。

为了估计你的上网程度，请用下面这个尺度表回答下列问题：

1 = 完全没有，2 = 很少，3 = 偶尔，4 = 经常，5 = 总是。

1. 你多少次发现你在网络上逗留的时间比你原来打算的时间要长？

2. 你有多少次忽视了你的任务而把更多时间花在网络上？

3. 你有多少次更喜欢因特网的刺激而不是与你父母之间的交流？

4. 你有多少次与你的网友形成了新的朋友关系？

5. 你生活中的其他人有多少次向你抱怨你在网络上所花的时间太长？

6. 你的学习成绩和学校作业质量有多少次因为在网络上多花了时间而受到影响？

7. 在你需要做其他事情之前，你有多少次去检查你的电子邮件？

8. 由于因特网的存在，你的工作表现或生产效率有多少次受到影响？

9. 当有人问你在网络上干些什么时，你有多少次变得喜欢为自己辩护或者变得遮遮掩掩？

10. 你有多少次用因特网的安慰性想象来排遣你生活中的烦恼？

11. 你有多少次发现你自己期待着再一次上网的时间？

12. 你有多少次担心没有了因特网生活将会变得烦闷、空虚和无趣？

13. 如果有人在你上网时打扰你，你有多少次厉声说话、叫喊或者表示愤怒？

14. 你有多少次因为深夜上网而睡眠不足？

15. 你有多少次在不上网时为虚拟网络而出神，或者幻想自己在网络上？

16. 当你在网络上时，你有多少次发现你自己在说“就再玩几分钟”？

17. 你有多少次试图减少自己花在网络上的时间却失败了？

18. 你有多少次试图隐瞒你在网络上所花的时间？

19. 你有多少次选择把更多的时间花在网络上而不是和其他人一起外出?

20. 当你不上网时,会感到沮丧、忧郁或者神经质,而一旦回到网络上这些情绪就会无影无踪,是吗?

回答了上面的所有问题后,将每项回答中你所选择的数字相加从而得出最后的分数。分数越高,说明你的网瘾程度越严重。这里有一个简单的尺度表可以帮助你评判你的分数。

20~39分:你是一个普通的网络使用者。你有时候可能会在网络上花较长的时间,但你能控制你对网络的使用。

40~69分:由于因特网的存在,你正越来越频繁地遇到各种各样的问题。你应当认真考虑它对你生活的全部影响。

70~100分:你的因特网使用正在给你的生活造成许多严重的问题。你需要现在就去解决它们。

- **假如你有网瘾倾向,该怎么做呢?**

1. 上网时给自己定一个目标,就是本次上网完成什么任务、做什么事、了解什么主题、为了什么。在这个大目标之下,其他小的插曲轻轻带过就行了。

2. 上网时间不能太长,以自己双肩双手不酸为极限。大概1~2小时最佳,特别是在夜间上网时间不宜过长。

3. 戒除一切容易上瘾的网络活动,例如,聊天、打网游、逛论坛等,平时不要时时挂QQ。

4. 能在现实中做的事情,尽量不要通过网络去做。例如,要联络某人,给对方打电话就行,不必上网聊天。

5. 把上网当成一个手段,不要当成一个休闲活动。要明确上网是查资料的,上网是发邮件的,上网是下载东西的。

6. 心态上,上网时间随心而定。上网行,不上网也行,上不上网对生活完全没影响。

7. 意识中要认识到网络是虚拟的世界,网络上再大的事也只是虚无的,现实中再小的事也是实在的。

8. 平时要丰富业余生活,比如外出旅游,和朋友聊天、散步,参加一些体育锻炼等。

9. 要注意多吃一些胡萝卜、荠菜、芥菜、苦瓜、动物肝脏、豆芽、瘦肉等含丰富维生素和蛋白质的食物。

10. 一旦出现网瘾,不要紧张,要尽早到医院诊治,必要时可安排心理治疗。

交流讨论

1. 讨论如何正确使用互联网。
2. 如何正确处理网络游戏与学习的关系？
3. 一旦你已经患上“网络成瘾症”，请制订计划戒除它。

话题 17 网络交友要慎重

引 言

网友,是一种特殊的朋友,其与一般意义上的朋友的不同之处在于:网友是通过网络相识乃至相知的,现实中见面较少或根本没有见过面。截至 2015 年 5 月,中国网民规模预计为8.36亿人,互联网普及率为 60%,目前使用最广泛的聊天软件腾讯 QQ 同时在线用户数已将近 3 亿。

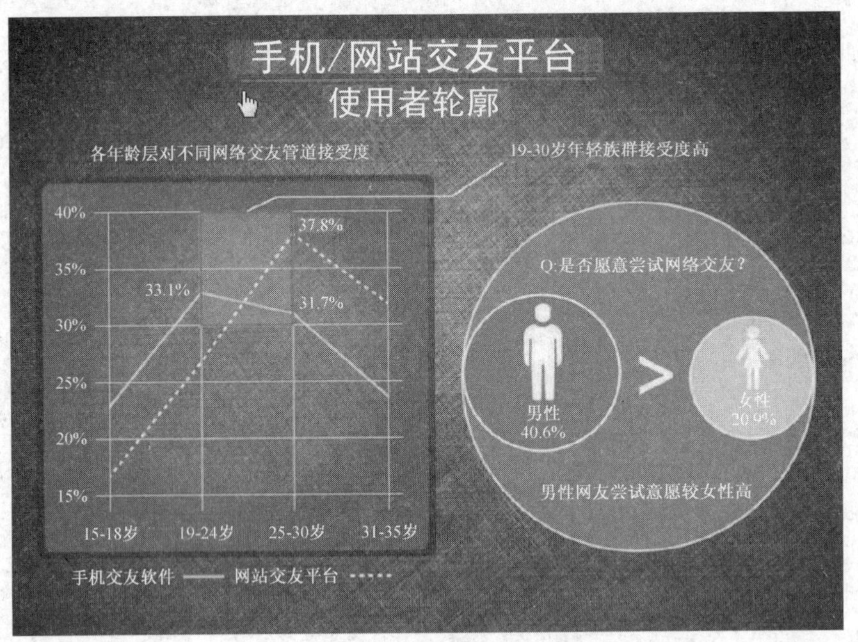

案例点评

案例 1: 技校学生小芳听说网上可以聊天、交友,便加入了“网虫”一族。一天,有个叫“骑士”的网友进入了她的视线,不久,他们便成了无话不谈的网上朋友。“骑士”在网上告诉她,他是江西某冶金公司驻深圳的营销主管,涉世不深的小芳对此深信不疑。4 月 18 日是小芳的 18 岁生日,“骑士”知道后决定给她庆贺生日。他们在深圳某酒店见面后,小芳被“骑士”潇洒的外表和阔绰的出手所倾倒,之后,他们多次约会,并发生了关系。“骑士”信誓旦旦地

说一定要在深圳买房子,等小芳毕业后就到他单位来工作,两人结婚。9月小芳将自己省吃俭用节约的2 000元现金一起交给了“骑士”,此后一个多月过去了,小芳给“骑士”打过无数个传呼,但对方一直没有回音。小芳到“骑士”的出租屋一打听,才知道“骑士”早已没了踪影,连房东都不知道他的去向。

点评:

网恋受骗者多为少女,因为处于这个时期的女孩子对爱情最富有浪漫幻想,电视里、书本上种种有关美好爱情的描写都会使她们想入非非。现在的女孩大多是独生子女,在家本来就缺乏交流,青春期的闭锁心理使她们不愿和父母进行深入沟通,尤其是情感方面的问题,更不愿向父母表露真实想法,怕给父母留下“思想不纯洁”的印象。但是,社会文化的开放性又使她们时常受到性文化的刺激,她们向往与异性交往,梦想“白马王子”会突然出现在自己的生活里。但在现实世界中,父母的教诲、学校的纪律、周围的舆论都使她们只能压抑自己的想法,在行为上表现出矜持、稳重的好女孩形象,而网络世界则给了她们释放心灵的自由空间。

也有一些学生是因为现实中的种种不如意无处倾诉而上网宣泄,如学习竞争的压力、人际关系的烦恼、家庭纠纷等。一开始,有些女孩子上网聊天往往是为了寻找精神寄托,并非有目的地恋爱。但是,女性心理的脆弱和虚荣心使她们对异性的恭维与追逐并不反感,甚至还以此为荣。一些别有用心的人就会利用这一点,给失意者以安慰,给天真者以恭维。由于少女们理解力和判断力还比较差,总认为世界是美好的,自己处在无比幸福之中,以梦幻代替现实,因此往往轻易上钩。

案例2: 2014年8月,河南省确山县女学生阿丽在网络上认识了网友“孤独侠”,对方“很帅气、很阳光”,阿丽很快被吸引。几天后,他们见了面。“孤独侠”说,下次见面时阿丽可以带两个朋友来玩。两天后,阿丽带同学阿红、阿娟赴约。最终,3名女生被“孤独侠”一伙劫持。随后,阿红、阿丽、阿娟被胁迫到洛阳、周口、驻马店等地的洗浴中心卖淫。

点评:

喜欢在网络上交友的青少年,特别是年轻女学生必须认识到,网络上的东西虚虚实实、真假难辨,在网络交友过程中要多留个心眼,以免“一失足成千古恨”。要树立正确的世界观和人生观,首先要培养辨别是非的能力和自制力,在了解网络好处的同时要明白网络上潜藏的危害,提高对网络负面影响的免疫能力。

案例3: 2010年11月3日晚上,磷铵社区居民赵某在网络上进行QQ聊天时,一个要好的同学刚好在线,两人聊了一会儿,同学称其有急事急需用钱。因为是十分要好的同学，赵某想都没有想就从网上银行给对方汇了9 000余元。汇过钱后，赵某再联系该同学才发现被骗了，原来同学的QQ号被盗了。

点评：

在网络上遇到朋友借钱时，应及时打电话给朋友核实清楚事实，不要盲目进行汇款，谨防被骗。同时需要提醒青少年网民的是，要提高自我保护意识，养成良好的安全上网习惯。网上交流中要注意保护隐私，不要轻易泄露真实姓名、个人照片、身份证号码或家庭电话等任何能够识别身份的信息，尤其是银行账号、个人账户密码等敏感内容。

安全常识

一、正确认识网络交友

1. 网络交友的优势。

随着互联网的发展，网上交友平台越来越多。它给我们的生活开辟了一条新的交际渠道，拓宽了交际范围。那么，网络交友有哪些优势呢？

（1）广阔性。

网络的广阔性打破了传统交友的地域限制，使四海之内皆朋友成为可能。

（2）便捷性与经济性。

网络使朋友间的交流更便捷、更经济。传统的好友会面，需要约好时间，整理仪表，选择出行工具，甚至还要精心挑选礼物；还可能因为突生变故，如时间、天气、交通等原因而导致见面取消。而网络交友则可以避免以上的诸多变故，相隔遥远的两人足不出户通过视频、语音等手段就能及时联系或见面。

（3）隐蔽性。

网络的隐蔽性更易让人敞开心扉、坦诚相待。很多人在遇到困难或不快时，可能无法和周围亲朋好友吐露，却能向陌生的网友倾诉，哪怕网友只是静静地“听”，心情也会平静许多。更何况，有时网友还会给你启迪，使你豁然开朗。

2. 网络交友的危害。

网络，既神秘又富有吸引力，很多人希望在网络上寻找到财富、朋友，甚至爱情。然而，由于当前社交平台仍在发展、完善阶段，网络交友诈骗频繁发生，严重影响到使用者的人身和财产安全。所以，在网络交友时一定要擦亮眼睛，特别是缺乏辨别能力的在校学生更要提高警惕，认识到网络交友存在的危害，这样才能避免受到伤害。网络交友的危害主要体现在以下几个方面：

（1）离群孤立。

若长期沉迷于网络交谈，我们会减少与周围朋友的沟通交流时间，久而久之，容易性格孤僻，疏远人群，导致不善与人交往，且很难融入群体。

（2）耽误学业。

我们现阶段的主要任务是学习。若将过多的时间和精力投入到网络交友当中，势必缩短学习时间，从而导致成绩下滑等不良后果。

（3）遭遇网络犯罪。

网络的虚拟性会给网络交友带来意外的危险，如遭遇网络交友诈骗等。常见的网络交友诈骗有以下几种模式：

● 骗财型

在聊天过程中，对方不断通过穿衣品牌、月收入、消费水平或家庭经济情况等进行探查，一旦探知到你家境富裕或个人收入不错的信息，便会提出见面的要求。见面后，通过抢夺、诈骗等手段来获取钱财。

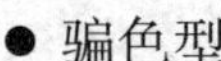

● 骗色型

骗色型模式多为男性欺骗女性，通常用三种方式迷惑对方：

① 自称超级帅哥或我很丑但是很温柔。

② 伪装成浪漫、温柔、体贴型的男性。

③ 自称豪门子弟或事业成功人士。

这些伪装最易诱骗那些不谙世事、憧憬爱情或爱慕虚荣的年轻女孩。

● 骗财骗色型

综合上述两种手法，欺骗缺乏自我保护意识的网友。甚至借此对被骗者实施威胁、恶性抢劫等犯罪行为。

上述事例都在现实中上演过。由于网络的广泛性，我们能够接触到各式各样的人群，而很多涉世未深的在校学生由于好奇心或因为急于寻找爱情，很容易受到所谓条件优越的人的诱惑，从而被欺骗钱财或情感，导致终生后悔。

二、需要了解的网络交友的常识

1. 见面邀约需谨慎。

“你有照片吗？”“你长得真漂亮。”“我们见面吧。”这是网上聊天对象常用的“三板斧”。在网络上形形色色的人中,也许有可以携手前行的有缘人,但是也存在借用平台寻找猎物的不法分子。所以,一定要慎重对待那些刚一认识就邀约见面的人。其次,无论网上的关系多么甜蜜,首次见面后还是应该有一个彼此了解的过程。现实中,无论男女,首次见面都应该保持矜持和谨慎,最大限度地保护自己。

2. 探听真实信息别上当。

网络是虚拟的,不要随意把自己的真实姓名、住址、电话号码或者任何涉及自身安全的资料告诉陌生人,应切记“不要和陌生人说话”。网络聊天是心灵的沟通,刚认识就关心对方最真实的“数据”的人一定居心不良。

3. 反复推敲聊天内容。

撒谎总会露出破绽。和陌生人聊天时应注意留心聊天内容,观察对方是否捏造事实、前言不搭后语。

4. 谨慎处理金钱请求。

因为网络交友很难辨认对方的真面目,所以在相处一段时间后,如果对方以各种急需用钱的理由,如父母生病、兄弟上学交学费、见面路费等,要求给他(她)汇款,一定要谨慎处理,切忌盲目汇款,以防受骗。

5. 不要仓促约见。

若约见网友,首先要了解对方的基本信息是否真实,做好充足的准备。在得到对方的手机号码或身份证号码后,可上网查验,在获知对方所处地区、性别等基本信息后再考虑是否与对方在现实中见面,不要仓促赴约。

见面前最好经过电话沟通。虽然文字可以表现出一个人的性格、修养、爱好等信息,但它依然存在欺骗性、片面性和局限性。所以,在见面前应先电话沟通,通过直接对话的方式减少对方的思考时间,得到更真实的信息。

6. 慎选约见地点。

约见网友的最佳地点是热闹的百货商场、公园,或由某网站、论坛举行的网聚等,应尽可能选择人流量大的地方。人多的地方不但能冲淡初次见面的尴尬,还能让不怀好意的色狼知难而退。如果对方提出去僻静的地方“增加情调”,应严词拒绝。

(7) 避免私车出行。

车辆是一个相对封闭的空间,容易发生暴力袭击、挟持、胁迫等情况。所以,与陌生网友见面,应尽量选择公共交通工具,如地铁、公交车等。

(8) 感知到不安后应尽快离开,摆脱危险。

会见网友前,应告知朋友或父母,并准备好通信工具,保持通信畅通,保证在紧急情下能及时报警求助。若约见地点较远,还应准备好充足的费用,最好找好友陪同赴约。

在约见过程中,一旦发生让自己感到不安的事情,应尽快寻找借口离开现场,如拿出手机说有紧急事情需要离开等。若被限制自由,可以寻找机会逃向繁华地带,向周围的人求助;或假意顺从,在对方放松警惕后偷偷逃离或报警。

知识链接

一、网友如何界定

所谓网友,就是指通过某一网络媒介物相识乃至相知的、见面较少或只能在某一特定地点才能见到的朋友。

二、何为"虚拟世界"

目前互联网所表现出的虚拟世界是以计算机模拟环境为基础,以虚拟的人物化身为载体,用户在其中生活、交流的网络世界。虚拟世界的用户常常被称为"居民"。"居民"可以选择虚拟的3D模型作为自己的化身,以走、飞、乘坐交通工具等各种手段移动,通过文字、图像、声音、视频等各种媒介交流。我们称这样的网络环境为"虚拟世界"。尽管这个世界是虚拟的,因为它来源于计算机的创造和想象,但这个世界又是客观存在的,它在"居民"离开后依然存在——真实的人类虚幻地存在,时间与空间真实地交融,这是虚拟世界的最大特点。

三、网友见面要带"5心"

1. 带好安全"心"。和网友见面时,要选择自己熟悉的地方。

2. 带好提防"心"。要选择人多的场所,如肯德基、麦当劳等餐厅。

3. 带好警惕"心"。和网友见面时最好不要单独前往,最好有要好的同学或者朋友一同前行。

4. 带好自信"心"。相信女性的直觉,不要轻信网友,一旦有异常信号出现,就要离开。

5. 带好自重"心"。在见网友时,要洁身自爱,要学会自重,不要随意和对方发生关系。

四、虚拟社交依赖症

1. 如何判断"虚拟社交依赖症"。

(1) 由于沉迷网络社交游戏而出现焦虑、抑郁、恐惧、强迫或神经衰弱等症状。

(2) 由于社会功能受损或具有无法摆脱的精神痛苦,促使其主动求医。

(3) 上述两点持续三个月以上。

2. 避免"虚拟社交依赖症"的方法。

(1) 进行自我检测。不要盲目相信媒体报道,随便给自己扣上心理疾病的帽子,以免引发不必要的压力和恐慌。

(2) 当认为自己沉迷社交网站时要提高警惕。此时,多外出与现实生活中的朋友交往有助于避免进一步的沉迷。

(3) 发现无法控制自己的行为时,应尽快咨询专业的心理医生。

(4) 在就医过程中要保持良好的心态。心理问题并不等于精神问题,不要夸大严重性,增加心理负担。

(5) 避免"虚拟社交依赖症"的最好方法就是用积极、乐观、平和的心态建立现实社会中属于自己的朋友圈,包括父母家人在内。

模拟训练

● 某学生迷上了网络聊天交友,每天一有空就上网找网友,如何帮助其走出误区?

1. 向其讲述网络交友的害处。迷恋网络聊天会占用学习时间,影响身体健康,花费大量金钱,而且还可能会因为网络上不良内容和坏的网友的影响而走上犯罪道路;会整天沉迷于聊天交友的幻想中,脱离现实,而当真正面对社会和人群的时候,又会产生退缩感,不敢正常与人沟通。

2. 帮助其转移兴趣爱好。平时要丰富业余生活,比如外出旅游、和朋友聊天、散步、参加一些体育锻炼等。积极参加学校组织的各项活动,阅读喜爱的书籍,适当加大作业量,减少上网时间。

3. 加强和父母、同学的沟通。通过父母的关爱和同学们的帮助,让其感受到亲情、友情,从虚拟的网络世界中走出来,回到现实中来。

● 判断下列做法是否正确:

1. 苏珊的网友刚和她聊天就向她索要照片,苏珊立刻将自己的照片发给了对方。 (　　)

2. 苏珊和网友约定周日去偏僻的地方爬山。 (　　)

3. 网友给苏珊发了一张不良图片,她立刻将这个网友删掉了。 (　　)

4. 周末,苏珊在家和网友聊天。网友向她打听家庭地址,说要邮寄礼物给她,被苏珊拒绝了。 (　　)

5. 苏珊为了与网友联系方便,把自己家的电话号码告诉了对方。 (　　)

6. 苏珊的生日快到了,她的网友约她一起过生日,苏珊立刻同意了。 (　　)

交流讨论

1. 谈谈网络交友的利弊。

2. 你相信网恋吗?

3. 为什么会有大量学生喜欢网络交友?

话题 18　网络欺诈莫轻信

引　言

据统计,2015 年 1 月至 4 月,360 网络安全中心共接到网络诈骗报案 6 211 起,其中涉及 16 岁以下青少年的案件总数为 124 起,年龄最小的仅为 11 岁。从青少年遭遇网络诈骗的具体途径来看,在 PC 端,社交工具(如 QQ、微信)排名第一,占 52%;其次是购物网站,占 20%;第三是游戏网站,占 20%。而在手机端,诈骗短信排名第一,占 39%;其次为钓鱼网站,占 29%;第三是诈骗电话,占 26%。在 PC 端,青少年被骗最多的类型是虚假兼职,占 53.2%;其次是退款欺诈,占 9.7%;第三是网游交易,占 6.5%,这三种诈骗类型占 PC 端诈骗类报案总量的近 70%。而在手机端,青少年被骗最多的诈骗类型是虚假中奖,占 43.6%;其次是账号被盗,占 16.1%;第三是虚假兼职,占 6.4%。这三种诈骗类型占手机端诈骗类报案总量的 66% 左右。通过分析发现,一周之中,周末时段是青少年最容易遭遇网络诈骗的高发时段,其中 19.4% 的案件发生在周日,16.1% 的案件发生在周六,而周一到周三的案发率仅为 11% 至 12%。

因此,青少年如何采取正确的防范手段来预防网络诈骗显得非常重要。

案例点评

案例 1:2015 年 3 月中旬,在网上发布兼职求职信息的江门某中专在读学生小叶突然收到来自 QQ 的招聘兼职的信息。对方称,小叶兼职的工作是:按照其提供的淘宝商家链接(其实是假的链接)提示,用网银或支付宝先垫付货款并拍下宝贝,但不需要确认收货;卖家会在 3 ~7 分钟内将货款和佣金一起返还到小叶的账户内,小叶在收到钱后确认收货,并做好评就可以了。报酬是刷满 2 500 元以上的任务,就可获得 5% 的佣金(另外,本金全额返还)。小叶觉得这是一个不错的兼职,自己不用出力,只需要在网上操作就行了。毫无戒心的小叶就按照对方的要求,两次付款给卖家账户内,共计 5 000 元;汇完款后,当小叶再与对方联系时,发现自己已经被拉入了黑名单,再也无法联系上。

点评：

本案中像小叶所遇到的情况并非个案。近年来，在大中专院校中，通过网络途径被骗的学生并不少。在这些学生身上发生的网络诈骗主要集中在以下几个方面：一是网店兼职“刷信誉”诈骗，骗子以通过帮网店刷信誉可向网购者支付佣金为诱饵，发购物网址的假链接（多数为购买虚拟物品的链接）给受骗人，待受害人按要求网购付款来帮助网店刷信誉后，骗子却拒绝支付佣金和本金；二是网络购物诈骗；三是网购虚拟产品诈骗；四是中奖诈骗。

案例2：2015年12月某日，金华市某中学16岁学生小琪在微博上看到一条转让信息，卡西欧某型号的自拍美颜相机，线上转让只要2 600元，小琪早就看中了这款相机，市面上价格要6 000元左右，可以便宜一半多，小琪毫不犹豫地加了对方微信号。两人商谈由小琪向对方银行账户汇1 500元，对方收到钱后，寄出货物，把快递单号发给小琪，小琪再支付剩余款项。

当天下午，小琪通过支付宝转出1 500元并查询到快递已经发出，准备支付余款时，小琪突然觉得自己没议价，向对方提出降价要求，对方同意再便宜300元，小琪只要再支付800元即可。两天后她付了800元。12月25日，小琪拿到快递时，发现竟然是块便宜的手机电板。小琪以为对方发错货，便通过微信联系对方，可她发现，对方已经把她拉黑了。再打开对方的新浪微博，不仅当初那条微博被删了，对方信息也查看不了。小琪意识到自己被骗了。

点评：

网上购物请尽量选择天猫、京东等官方正规网站，并且尽量通过支付宝等第三方平台交易，切勿盲目在微博、微信等平台上私下交易，更不要直接从ATM机转账汇款。如果遭遇骗局或钱款已汇出，可以马上通过ATM机登录对方账号，连续输错5次密码，就可以冻结对方账户，然后拨打“110”报警电话，为民警办案争取时间。

案例3：2015年8月6日，长沙某高中毛同学用手机在某团购网订购电影票，操作时不小心多买了6张。她按手机APP的号码与该团购网客服联系退款，可客服电话一直占线。于是，毛同学上网搜索该团购网客服电话，进入一个该团购网人工客服热线的网页。毛同学拨打了网页提示的“客服电话”后，对方要她持银行卡到自动取款机上核实“退款”。毛同学的银行卡有余额22 000元。她按“客服”的提示，在转账一栏先输入一些“代码”，在金额一栏，对方称需要填验证码。他先报了几个0开头的数字，操作不行。后来他说换一个，输入“21234”。毛萍说，对方告诉自己这些操作是验证程序，“我们是大公司，绝不会骗你。”对方说，从未转过账的毛萍按对方要求完成了操作。结果，余额为22 000元的银行卡，被转走了21 234元。

点评：

陌生人以各种理由要求转账或汇款，一定要谨慎。很多网络诈骗手段其实比较低级，如果不确定一些消息的来源，可以寻求身边朋友的帮助，询问他们是否也有类似的经历，就会识破骗子的伎俩。

安全常识

网络诈骗是指以非法占有为目的，利用互联网采用虚构事实或者隐瞒真相的方法，骗取数额较大的公私财物的行为。网络诈骗与一般诈骗的主要区别在于网络诈骗是利用互联网实施的诈骗行为，没有利用互联网实施的诈骗行为便不是网络诈骗。

网络诈骗的几种手法：

一、假冒好友

诈骗手法：骗子通过各种方法盗窃QQ账号、邮箱账号后，向用户的好友、联系人发布信息，声称遇到紧急情况，请对方汇款到其指定账户。网络上还出现了一种以QQ视频聊天为手段实施诈骗的新手段，嫌疑人在与网民视频聊天时录下其影像，然后盗取其QQ密码，再用录下的影像冒充该网民向其QQ群里的好友“借钱”。

防范：遇到此类情况，头脑中务必多一根弦，及时通过电话等方式联系到本人，确认消息是否源自好友或联系人，避免上当。

二、网络钓鱼

诈骗手法：“网络钓鱼”是当前最为常见也较为隐蔽的网络诈骗形式。所谓“网络钓鱼”，是指犯罪分子通过使用“盗号木马”、“网络监听”以及伪造的假网站或网页等手法，盗取用户的银行账号、证券账号、密码信息和其他个人资料，然后以转账盗款、网上购物或制作假卡等方式获取利益。其可细分为以下两种方式：

(1) 发送电子邮件，以虚假信息引诱用户中圈套。诈骗分子以垃圾邮件的形式发送大量欺诈性邮件，这些邮件多以中奖、顾问、对账等内容引诱用户在邮件中填入金融账号和密码，或是以各种紧迫的理由要求收件人登录某网页提交用户名、密码、身份证号、信用卡号等信息，继而盗窃用户资金。

(2) 建立假冒网上银行、网上证券网站，骗取用户账号密码并实施盗窃。犯罪分子建立域名和网页内容都与真正网上银行系统、网上证券交易平台极为相似的网站，引诱用户输入账号密码等信息，进而通过真正的网上银行、网上证券系统或者伪造银行储蓄卡、证券交易卡来盗窃资金。还有的利用合法网站服务器程序上的漏洞，在站点的某些网页中插入恶意代码，屏蔽住一些可以用来辨别网站真假的重要信息，以窃取用户信息。

防范：遇到此类情况，首先不要在网上随意填写个人资料，在开通网上业务前应前往正规银行索要资料，登录正确的网页办理业务，避免上当受骗。

三、网银升级诈骗

警方通报：目前国内最新型的电信诈骗犯罪，是利用如"××银行E令行卡过期"、网银升级、信用卡升级、网银密码升级等虚假信息实施诈骗。犯罪分子会利用某些银行网上转账只需输入常规静态密码及E令（银行网银客户持有的动态密码显示设备）的动态口令，无须USBKey（硬件数字证书载体）验证的缺陷，通过发送"××银行E令卡过期"等虚假短信息，诱骗受害人登录与××银行官方网址（www.×××.cn）相似的"钓鱼网站"，从而窃取受害人的登录账户和密码口令。一旦得手，犯罪分子迅速通过网上转账将受害人账户内的资金转走。

当受害人发现账户资金被盗时往往已错失破案时机，加之多数民众对这种新型的诈骗犯罪手法尚不了解，防范意识和能力很低，极易上当受骗，造成重大经济损失。

此种犯罪手法的诈骗短信示例："尊敬的网银用户：您申请的××银行E令行卡即将过期，请尽快登入www.×××××.com进行升级。给您带来不便，敬请谅解。（××银行）"。

由于诈骗网站大都在境外，接到举报后要关闭该诈骗网站往往需要一定时间，且犯罪分子经常变换域名和IP地址以逃避打击，因此请广大同学一定提高警惕。

若接到类似的诈骗信息，请及时拨打"110"报警电话，或向"12321"举报中心举报，不给犯罪分子可乘之机。

四、电信诈骗变种

据警方调查，传统电信诈骗手段嫌疑人一般冒充电信局等工作人员谎称事主电话欠费，然后转向冒充的"公安人员"，谎称事主身份信息被冒用并实施诈骗：

（1）有些嫌疑人拨打事主电话时冒充"114"工作台，来电显示电话号码为114。

（2）嫌疑人谎称事主医保卡在异地药店买药消费，已经"不能用"，进而告诉事主身份信息被盗用，接着实施诈骗。

（3）嫌疑人自称是快递公司工作人员，称有两个邮件一直没有送到，邮件是公安分局发的，主要内容是信用卡欠费已经被法院起诉，还牵扯到一个几千万元的金融案件，进而实施诈骗。

（4）嫌疑人在告诉事主电话欠费的同时，告知事主电话欠费是假的，实际上事主的信息泄露有可能卷入案件，建议做一个金融保单，进而实施诈骗。

（5）冒充黑社会诈骗。传统方式中，嫌疑人一般会发短信假冒"东北黑社会李大龙"实施诈骗。新手段中，嫌疑人直接打电话冒称是"二秃子"，并告知事主得罪人了，有人要找事主的麻烦，接着又称只要汇款就可以摆平此事，并可以告诉事主指使人是谁。此类手法为以前手段的演变。

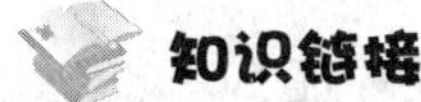

● 常见的六大网络欺诈手段

（1）以虚假网购信息诱人汇款。在当地重点论坛和网上社区发布网购信息，吸引网民到该网站。在取得网民信任后，要求网民向指定银行账号汇款或转账，等网民发现上当后，将此前公布的联系电话变成空号或公用电话，而网民通过QQ、UC等即时通信工具与其进行联系时，却发觉自己被列入黑名单。

（2）以便宜货为诱饵实施诈骗。在淘宝等大型网上交易平台开设网店，并放置特别便宜的商品，利用网民喜欢买便宜货的心理，将网民在大型交易平台的电子交易渠道转移到其设计的虚假网站进行电子交易行为。

（3）“网上购物金卡”的骗局。不法分子通过在路上遗弃“网上购物金卡”的方式诱使贪图便宜的人上当。“网上购物金卡”写明查询方式，如果拾到者照该方式网上查询，往往显示有大量余额，但这些钱只可以到该网站购物，但这其实是不法分子设下的一个“高级陷阱”，接下来通过一系列连环套骗局，骗取事主钱财。

（4）利用QQ实施诈骗。行骗者在网上利用QQ寻找作案目标，向作案目标低价兜售有纪念和收藏价值的贵重物品，并承诺先交订金，余款货到交款。爱好收藏的人往往经不住“低价”、“纪念”和“收藏价值”的诱惑，贪图便宜，甘愿冒险，试着订一套或二套，当把订金汇入对方账户时，就再也联系不上对方了。

（5）克隆著名网站实施诈骗。将网页做得和著名网站几乎一样，但网址往往与著名网站只有一个字母之差，让人分辨不出真伪，使人不知不觉受骗上当。

（6）拟制虚假中奖消息。犯罪分子冒充国内知名的游戏、购物、娱乐等大型网站或经营单位，向网站用户发送虚假中奖信息，谎称当事人中了大奖，并提供一个和该网站网址非常相似的网址链接，要求当事人上网确认。一旦用户点击该链接，就会登录到诈骗者制作的假网站，按提示进行操作，就会显示当事人确实中奖了，并要求当事人打网站上留的“客服电话”，咨询领奖事宜。打通电话后，骗子就会冒充网站工作人员，以奖品邮寄费、奖金个人所得税、账户保险费等条目要求当事人向其指定的银行账户汇款，而后便销声匿迹。

模拟训练

● 网络欺诈防范措施

消费者在选择电子商务网站进行网络商品交易和购买服务过程中，请注意以下要点：

（1）选择货到付款的交易模式（物流快递代收货款，收到货品后再进行支付）。

（2）选择具有第三方支付手段的平台进行交易（多使用支付宝、财付通等第三方支付模式交易)。

(3) 选择具有消费者保障制度的交易平台(指具有7天包退换、正品保证、30天免费维修、假一赔三等消费者保障制度的电子商务交易平台)。

(4) 选择店铺的产品质量、货源和售后服务具有品牌厂家认证的网店(各品牌厂家开设的直销网站,如联想、戴尔、凡客诚品等)。

(5) 索取网购销售凭证,防范霸王条款(向经营者索要购票凭证或者服务单据,为解决网上购物的纠纷提供凭证和依据)。

交流讨论

1. 如何识别形形色色的网络欺诈手法?

2. 正确的网络欺诈防范措施有哪些?

Part 4

第四章　户外活动

祖国的河山如此美丽，同学们可以经常结伴到户外进行体育锻炼、郊游、野营或游戏娱乐等。不过，在享受美好生活的同时，交通、饮食、运动中的不安全因素也在增加，由此带来了诸多安全隐患。

也许只是一个小小的交通意外，就会造成严重的后果，断送美好的前程，甚至失去生命。因此，我们在尽情享受户外活动的快乐时，该如何加强安全防范措施，避免不必要的伤害和损失呢？这是我们在户外活动时必须充分考虑的问题。

专题八　道路并非舞台

话题19　交通安全防事故

引　言

交通是社会活动最重要的组成部分。快速发展的现代交通虽然为我们带来了方便、快捷和舒适,但同时也给我们带来了烦恼和忧愁。道路并非舞台,在走路时切不可以太随意,否则,随时可能会给我们带来痛苦和不幸。

有关资料表明,我国每年因交通事故死亡的人数约 10 万人,受伤人数约 30 万人,直接财产损失达 10 亿元。我国每天至少有 19 名 15 岁以下的儿童因交通意外而死亡。由此可见,掌握、遵守交通规则,注意交通安全十分重要。

案例点评

案例 1: 2013 年 10 月某日下午 1 时许,通州区郎府乡马场村学生郎某在通州区通香公路杜柳棵路口由北向南横穿道路时,被由西向东驶来的村民张某驾驶的汽车撞伤,郎某经医院抢救无效死亡。

点评：

在本案例中，郎某在通过没有交通信号灯和人行横道的路口时没有停下观察并确认安全后再通过，由此导致了本次交通事故的发生。我国《道路交通安全法》第61条规定：行人应当在人行道内行走，没有人行道的靠路边行走。第62条规定：行人通过路口或者横过道路，应当走人行横道或者过街设施……通过没有交通信号灯、人行横道的路口，或者在没有过街设施的路段横过道路，应当在确认安全后通过。

案例2： 2015年10月1日下午2时，17岁的某县技校生李某和其15岁的弟弟无证骑乘一辆无牌五羊125型二轮摩托车，行至该县某路段时与一辆大货车相撞，两人当场死亡。

点评：

很多交通事故往往都发生在瞬间，该案例中的车祸是因李某兄弟的安全意识淡薄、心理不成熟、无证驾驶摩托车而导致的。有些同学看到同伴骑摩托车上学很潇洒、时尚，自己就跟风模仿，而家长对孩子又缺乏管教，甚至放任其无证驾驶，从而造成安全隐患。我国相关法律规定：年满18岁、取得驾驶证者方可在路上驾驶机动车辆，不满18岁的学生不准驾驶摩托车。

案例3： 2014年2月17日，广东某交警支队交警在樟木头镇赵林路口例行检查车辆，一名中型客车司机在接受检查时躲躲闪闪。凭着职业敏感，交警觉得该司机肯定有问题，于是要求司机出示证件。当司机打开窗户出示证件时，交警闻到了一股酒气，便当即要求司机下车接受酒精测试。经查，该中型客车为某学校接送学生的车辆，核载19人，实载38人，超载100%，且该司机属酒后驾驶，随即交警就对司机依法进行了处理。

点评：

酒精会使人神经麻痹、反应迟钝，所以酒后驾驶非常容易造成交通事故。《道路交通安全法》对酒驾就有相关处罚规定，并且从2011年5月1日起，《中华人民共和国刑法修正案（八）》把醉酒驾驶列为危险驾驶罪，依法应当追究驾驶人刑事责任。另外，车辆超载不仅破坏公路设施，而且使车辆长期处于超负荷状态，导致车辆制动和操作等安全性能下降，容易引发交通事故。此案例告诫我们：不要乘坐超载车辆，不要酒后驾驶，还应劝告身边的驾驶员不要酒后驾驶。

⚠ 安全常识

一、平时行走时要注意的安全事项

1. 在道路上行走，要走人行道，没有人行道的要靠路边行走。

2. 集体外出时，要有组织、有秩序地列队行走；结伴外出时，不要相互追逐、打闹、嬉戏；行走时要专心，注意周围情况，不要东张西望、边走边看书报或做其他事情。

3. 要遵守交通规则，服从交警的指挥，做到“绿灯行，红灯停”。在没有交警指挥的路段，要学会避让机动车辆，不能在车辆临近时突然猛拐横穿，不要与机动车辆争道抢行，不能在道路上扒车、追车，不能强行拦车或抛物击车。

4. 在雾天、雨天、雪天，最好穿着色彩鲜艳的衣服，以便于机动车司机尽早发现目标，提前采取安全措施。

5. 穿越马路，要走人行横道，按指示灯穿过马路；在有过街天桥或过街地道的路段，应自觉走过街天桥或地下通道。穿越马路时，要走直线，不可迂回穿行；在没有人行横道的路段，应先看左边，再看右边，在确认没有机动车通过时才可以穿越马路；不要翻越道路中央的安全护栏或隔离墩，不要突然横穿马路。

二、乘车时要牢记以下安全注意事项

1. 乘坐公共汽（电）车，在候车时应依次排队，站在道路边或站台上等候，不应拥挤在车行道上，更不能站在道路中间。

2. 乘坐公共汽（电）车，上车时应等汽车靠站停稳，先让车上的乘客下车，再按次序上车，不能争先恐后，不要把汽油、爆竹等易燃易爆的危险品带入车内，要主动给老人、病人、残疾人、孕妇或怀抱婴儿的乘客让座。

3. 在车辆行驶过程中，要在座位上坐好，乘坐小汽车还要系好安全带；乘坐公交车时要坐稳扶好，没有座位时，要将双脚自然分开，侧向站立，手应握紧扶手，以免车辆紧急刹车时摔倒受伤，还要注意不能将身体的任何部位伸出窗外，以免被来往车辆碰擦，也不能向车窗外乱扔杂物，以免伤及他人。

4. 下车时一定要等车辆停稳且确认车门外两侧无车辆经过，要依次而行，不要硬推硬挤；下车后不能在车前车尾急穿，要等车辆开走后再行走；如要穿越马路，一定要在确保安全的情况下才能穿行，随即要走上人行道。

5. 不乘坐超载车辆，不乘坐无载客许可证、营运证的车辆，不乘坐酒后驾驶员驾驶的车辆，同时要提醒酒后驾驶员不要开车。

三、骑非机动车时要注意的安全事项

1. 未满 12 周岁的儿童不能在道路上骑自行车、三轮车，不能在道路上学骑车；驾驶摩托车必须持有机动车辆管理部门（车管所）发放的驾驶证。

2. 骑自行车或电动车要遵守交通规则，要在非机动车道内行驶，不准驶入机动车道。

不能在车行道上停车或与机动车争道抢行，拐弯前须减速慢行，向后张望，伸手示意，不能突然拐弯。

3. 骑车时必须集中思想，不能用耳机听随身听，双手要把住龙头，不能双手离把，不能攀扶其他车辆或手中持物，不能撑伞骑车。

4. 结伴骑车时不能并行、互相追逐或曲折竞驶，不能骑车带人。

5. 要经常检查车子性能，如响铃、刹车等部件，如有问题应及时修理。

知识链接

一、了解交通信号灯

交通信号灯分为两种，一种是用于指挥车辆的红、黄、绿三色信号灯，设置在交叉路口显眼的地方，叫作车辆交通指挥灯；另一种是用于指挥行人横过马路的红、绿两色信号灯，设置在人行横道的两端，叫作人行横道灯。

1. 绿灯亮时，准许车辆、行人通行，但转弯的车辆不准妨碍直行的车辆和被放行的行人通行。

2. 黄灯亮时，不准车辆、行人通行，但已越过停止线的车辆和已进入人行横道的行人可以继续通行。

3. 红灯亮时，不准车辆、行人通行。

4. 绿色箭头灯亮时，准许车辆按箭头所示方向通行。

5. 黄灯闪烁时，车辆、行人在确保安全的原则下可以通行。

二、认识路面上的交通标线

当你走在马路上时，经常会见到一些白色或者黄色的线，你知道那是什么线、它代表什么含义吗？

这些线叫作道路交通标线，按其功能可分为纵向标线、横向标线和其他交通安全设施线。标线共7类21种，其中标线17种，其他交通安全设施线4种。下面介绍两类常见的标线。

1. 纵向标线。指沿道路纵向的标线，主要有车行道中心线，它是用来分隔对向行驶的交通流的标线，一般设在车行道的中心线上，颜色为黄色或白色。车行道中心线分为：

中心虚线，它表示在保证安全的情况下允许车辆在超车、向左转弯时越线行驶。

中心单实线，它表示不准车辆跨线超车或压线行驶。

中心双实线，无论白色还是黄色，都表示严格禁止车辆越线超车或压线行驶。

中心虚实线，它是一条实线与一条虚线平行的两条标线，表示实线的一侧禁止车辆越线超车或向左转弯，虚线的一侧准许车辆越线超车或向左转弯。

2. 横向标线。指与道路行进方向垂直的标线，主要有：

停车线，它是表示车辆等候通告信号或停车让行的位置的标线，为白色。

人行横道线，表示准许行人横穿车行道的标线，为白色。

模拟训练

● 假设你和同学约好今天下午步行上街，你们怎么行走才算安全守规？

1. 上街要走人行道，不要走车行道。

2. 横过街道和马路要走人行横道，不要斜穿或猛跑。

3. 过人行横道时，必须遵守信号灯的规定：绿灯亮时，准许通过；绿灯闪烁时，不准进入人行横道；红灯亮时，不准进入人行横道。同时注意：即使信号灯已经变成绿色，也应看清左右两边的车辆是否停稳，再穿越道路。

4. 在设有人行过街天桥或地道的地方，过街要走人行天桥或地道，不要横穿街道和公路。

5. 列队穿过车行道时，每横列不超过两人，队列须从人行横道迅速通过，没有人行横道的两边须直行通过；长列队伍在必要时可以暂时中断通过，待车辆过去后再继续通过。

● 当遇见有人发生交通事故时，你应该怎样快速应对？

1. 行人与机动车发生事故后应立即拨打“110”报警电话，并记下肇事车辆车牌号，等候交通警察前来处理。

2. 行人被机动车严重撞伤，应立即拨打电话“120”求助；同时检查伤者的受伤部位，采取初步的救护措施，如止血、包扎、固定等；如果伤者呼吸和心跳停止，应立即用心肺复苏法抢救。

3. 遇到撞人后逃逸者，应及时追赶并求助于周围群众。

交流讨论

1. 你对周围有同学骑摩托车上学的现象有什么看法？

2. 谈谈对“我也闯过红灯，但也没发生过什么事啊”这句话的看法。

话题20 紧急遇险须冷静

引 言

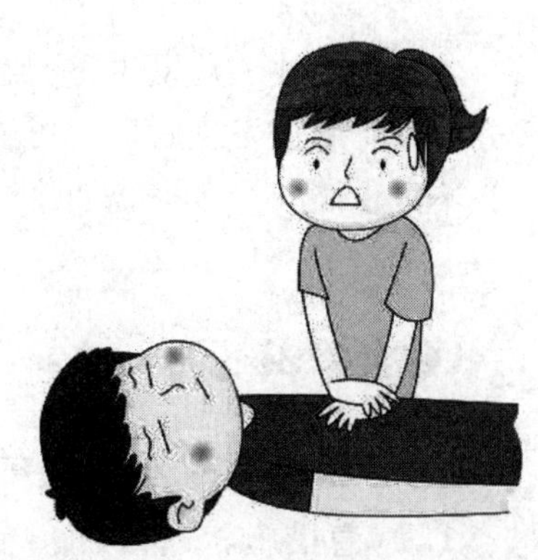

交通事故一直是一个沉重的话题。据不完全统计,中国每5分钟就有1人因车祸而死亡,每分钟就有1人因车祸而伤残,每天因交通事故死亡者有280多人,每年死亡10万多人。对大量交通事故的调查表明,车祸死亡者中约40%是当场死亡,约60%是死于医院或送往医院途中,其中约有30%的受伤者是因得不到及时合理的抢救而死亡的。据分析,如果事故发生时能及时报警并在事故现场实施及时、正确的抢救,这一项就可使10%以上的受伤者得以生存。如果我们掌握交通事故的一些急救方法,一旦发生意外,我们不但可以实施自救,而且还可以互救,为抢救伤员的生命赢得宝贵的时间。

案例点评

案例1:2014年7月12日下午,宜昌市120指挥中心调度大厅接到110联动报警称,一辆荆州中型旅游客车在从宜昌市三游洞景区返回城区时,不幸在宜巴路段冲破黄柏河二桥栏杆,车辆及其20名乘客坠入黄柏河水域。120指挥中心接警后第一时间调派救护车赶赴现场实施紧急救援,事故发生后仅7分钟,市委、市政府组织了公安、海事、医疗卫生、安监等部门赶赴事故现场,抢救受伤人员,共救援伤员12人,现场有8人失踪遇难。

点评:

发生交通事故后及时报警,可使120调度指挥中心在第一时间掌握事故现场的有效信息,实施正确而有效的抢救,使人员伤害损失降到最低。在本案例中,当班调度员接到呼救电话后,通过询问报警人(事故地点、主要病情、有效联系方式)了解到现场情况后,及时安排救护车及消防队赶赴现场救援。因救援及时,措施得力,人员伤亡减少到了最低,获救伤员得到了有效救治。

案例2:2013年12月1日7时40分左右,黑龙江省木兰县柳河镇哈肇公路发生了一起重大交通事故。一辆大货车在超车过程中撞上了一辆同向行驶、载有14名乘客的中巴客车，事故造成包括中巴车驾驶员在内的6人当场死亡，2名伤者在送往医院急救途中死亡，7名受伤乘客被紧急送往当地医院接受治疗，医院为这批患者开通了绿色通道，最大限度地挽救了伤者。

点评：

交通事故一旦发生，抢救时间尤其可贵，一分钟就可能挽救许多条生命，可谓争分夺秒。事故发生后现场可能混乱，但是救护工作一定要有序进行，正确的急救方法必不可少。

安全常识

一、交通事故发生后的应对措施

1. 应急措施。

(1)迅速抢救，如迅速止血、进行人工呼吸等，可以由周围有医护知识或技能的人员来进行。

(2)维护秩序，如发现交通事故车辆逃跑，应立即记录车辆号牌、车型、颜色等，并密切注意周围环境，防止其他危险再度发生，同时将受伤者从车内或行车道上转移至附近安全地点，临时安置伤员。

2. 立即报警(火警电话：119；交通肇事：122；急救电话：120；报警电话：110)，说清以下事项，以便于救护人员及时赶到现场。

(1) 发生事故的地点。

(2) 是什么样的事故，如车撞车、车撞物、翻车等。

(3) 有无其他连锁事故，如起火、爆炸、建筑物倒塌等。

(4) 大约有多少人受伤。

(5) 报警人的姓名和联系方法。

二、常用的急救方法

1. 抢救昏迷不醒者。

抬起受伤者下颌角，使其呼吸道畅通无阻，这种措施在很多场合下对恢复呼吸有很大的作用。如果受伤者仍不能呼吸，那就要进行口对口的人工呼吸。如果人工呼吸不能起作用，就要检查伤者嘴和咽喉中是否有异物，并设法移除，继续进行人工呼吸。

2. 抢救失血者。

① 将受伤者安置到安静的环境。② 自我止血：抬起受伤者的腿部，使其处于垂直状态，可使休克停止。③ 检查受伤者的脉搏与呼吸。④ 语言安慰，观察受伤者的神色变化。⑤ 防止热损耗，若气温低应加盖衣物保暖。⑥ 呼救并将受伤者送往医院。

3．抢救烧伤受伤者。

① 迅速扑灭受伤者衣服上的火。② 帮助受伤者脱下烧着的衣服。③ 全身燃烧时，可向其喷冷水。④ 用消过毒的绷带包扎烧伤口。⑤反复检查呼吸和脉搏。⑥ 防止热损耗，可饮盐水（1 杯水中放 1 匙食盐）。⑦ 不可使用粉剂、油剂、油膏或油等敷料覆盖烧伤处。⑧ 脸部烧伤时，不要用水冲洗，也不要用东西覆盖烧伤处。⑨ 安慰受伤者，防止受伤者休克。⑩ 及时送往医院治疗。

4．抢救骨折受伤者。

对于交通事故中的骨折受伤者，抢救不及时或者抢救、运送方法不正确，往往会加重其伤情，使其留下后遗症，甚至增加死亡率。

当发生交通事故有人员骨折时，① 首先要注意防止伤员休克，不要移动身体的骨折部位。② 对具体骨折的部位要小心包扎，并按发生后的状态保持部位静止。③ 在没有包扎用品的情况下，可就地取材对骨折部位进行固定，这样可以减轻伤者痛苦，便于搬送，同时可以不加重断骨对周围组织的损伤，有利于伤肢功能的恢复。④ 包扎固定后，要将受伤者轻轻放在担架（或木板）上送往医院进行急救。

知识链接

一、交通事故中止血的常用方法

1．一般止血法：针对小的创口出血，用生理盐水冲洗、消毒患部，然后覆盖多层消毒纱布，用绷带扎紧包扎。注意：如果患部有较多毛发，在处理时应剪或剃去毛发。

2．指压止血法：只适用于头部、面部、颈部及四肢的动脉出血急救，注意压迫时间不能过长。

（1）头顶部出血：在伤侧耳前，对准下颌耳屏上前方 1.5 厘米处，用拇指压迫颞浅动脉。

（2）头颈部出血：四个手指并拢，对准颈部胸锁乳突肌中段内侧，将颈总动脉压向颈椎。

（3）上臂出血：一手抬高患肢，另一手四个手指对准上臂中段内侧压迫肱动脉。

（4）手掌出血：将患肢抬高，用两手拇指分别压迫手腕部的尺、桡动脉。

（5）大腿出血：在腹股沟中下方，用双手拇指向后用力压股动脉。

（6）足部出血：用两手拇指分别压迫足背动脉及内踝与跟腱之间的颈后动脉。

3．屈肢加垫止血法：当前臂或小腿出血时，可在肘窝、膝窝内放纱布垫、棉花团或毛巾、衣服等物品，屈曲关节，用三角巾作“8”字形固定。但骨折或关节脱位者不能使用此方法。

4．橡皮止血带止血：常用的止血带是三尺左右长的橡皮管。方法是：掌心向上，止血带一端由虎口拿住，一手拉紧，绕肢体 2 圈，中指、食指将止血带的末端夹住，顺着肢体用力拉,压住余头,以免滑脱。

5. 绞紧止血法:把三角巾折成带形,打一个活结,取一根小棒穿在带子外侧绞紧,将绞紧后的小棒插在活结小圈内固定。

6. 填塞止血法:将消毒的纱布、棉垫、急救包填塞、压迫在创口内,外用绷带、三角巾包扎,松紧度以达到止血目的为宜。

二、当发生交通意外时如何进行人工呼吸

人工呼吸是指用人为的方法,运用肺内压与大气压之间的压力差,使呼吸骤停者获得被动式呼吸,获得氧气,排出二氧化碳,维持最基础的生命。人工呼吸的方法很多,有口对口吹气法、俯卧压背法、仰卧压胸法,但以口对口吹气式人工呼吸最为方便和有效,下面为同学们作简单介绍。

1. 让伤者仰卧,为其松解衣服的衣领,清除伤者口鼻中的污泥、分泌物和假牙等,必要时可将舌头拉出来,以免舌根后坠阻塞呼吸道。

2. 使伤者头部后仰,使呼吸道伸展,救护人员将口紧贴伤者的口(最好隔一层纱布),一手捏紧伤者鼻孔以免漏气,救护人员深吸一口气,向伤者口内均匀吹气,然后救护人员嘴离开,将捏住的鼻孔放开,并用一手压其胸部,以帮助呼气。

3. 这样反复进行,每分钟进行 14 ~ 16 次,直到伤者自动呼吸恢复为止。如果伤者口腔有严重外伤或牙关紧闭,可对其鼻孔吹气(必须堵住口),即为口对鼻吹气。救护人员吹气力量的大小依伤者的具体情况而定,一般以吹进气后伤者的胸廓稍微隆起为最合适。

模拟训练

● 某天你乘车时发生了火灾,并且有人烧伤了,你该怎么办?

1. 要保持头脑冷静,控制情绪,切莫惊慌失措,乱喊乱跑。

2. 立即打“110”电话报警,同时积极展开自救和互救。

3. 快速离开车体。若车门变形无法打开,可从前后挡风玻璃或车窗处脱身。当人身上已经着火时,应采取向水源处滚动的姿势,边滚动边脱去身上的衣服,同时注意保护好露在外面的皮肤和头发。

4. 不要张嘴深呼吸或高声呼喊,以免烟火灼伤上呼吸道。离开车体后,不要着急脱掉粘在烧伤皮肤上的衣服,如有可能尽量多喝水或饮料。与此同时,没有受伤的人员要尽快利用灭火器、沙土、衣物或篷布给车辆灭火,但切忌用水扑救。

5. 如果有人烧伤,要迅速扑灭受伤者衣服上的火,帮助其脱下烧着的衣服。假如发生全身燃烧,可向其喷冷水;脸部烧伤时,不要用水冲洗,也不要用东西覆盖,观察烧伤者的呼吸和脉搏,对其用语言安慰,防止受伤者休克,尽快把烧伤者送往医院。

● 假如你在乘车途中遭遇翻车事故，你该怎么办？

1. 当汽车发生意外翻车时，应紧紧抓住扶手，两脚钩住座位下的踏板，使身体固定，随车体旋转。

2. 如果车辆侧翻在路沟里或山崖边上，应判断车辆是否还会继续往下翻滚。在不能判明的情况下，应维持车内秩序，让靠近悬崖外侧的人先下，从外到里依次离开，否则车辆会产生重心偏离，继续往下翻滚。

3. 如果车辆向深沟翻滚，所有人员应迅速趴到座椅上，抓住车内的固定物，使身体夹在座椅中，稳住身体，避免身体在车内滚动而受伤。

4. 翻车时，不可顺着翻车的方向跳出车外，防止跳车时被车体挤压，而应向车辆翻转的反方向跳跃。若在车中感到将被抛出车外，应在被抛出车外的瞬间猛蹬双腿，增加向外抛出的力量，以增大离开危险区的距离。落地时，应双手抱头顺势向有惯性的方向滚动或跑开一段距离，避免遭受二次损伤。

● 假如在你乘车途中车辆落水，你该怎么办？

1. 当车辆落水时，要先深呼吸，避免呛水，然后再开车门。

2. 汽车翻进河里，若水较浅，应待汽车稳定以后再设法从安全的出处离开车辆；若水较深，先不要急于打开车门和车窗玻璃，因为这时车门是难以打开的，此时车厢内的氧气可供司机和乘客维持5～10分钟。

3. 若车厢内有空间，应迅速用力推开车门或玻璃，同时深吸一口气，及时浮出水面。

4. 浮出水面后，应尽量采用仰卧位，身体挺直，头部向后，这样可使口、鼻露出水面，继续呼吸。

交流讨论

1. 如何抢救在交通事故中因流血过多而休克的受伤者？

2. 假如在山区的弯道上发生了交通事故，你该怎么办？

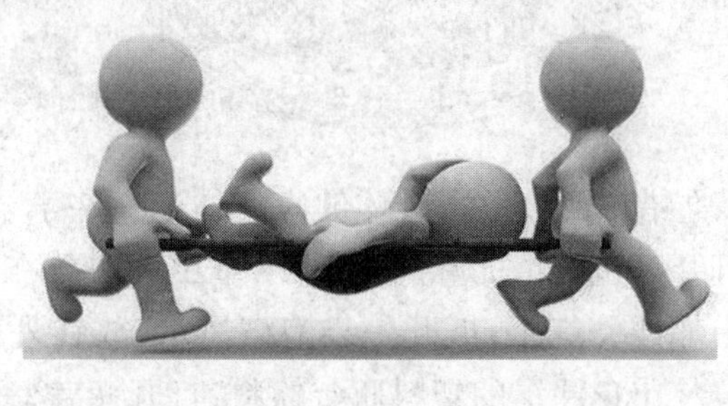

专题九　舌尖上的安全

话题21　劣质食品吃不得

引言

2011年的年度词汇中，"食品安全"占了重要的一席。近年来曝光的食品问题数量呈井喷式增长，新闻报道出来的食品安全事件数以百计。对"牛肉膏"添加剂、"健美猪"和"毒馒头"以及塑化剂、膨大剂等，我们都不陌生了。根据食品安全新闻数据统计，在2 134篇关于食品安全问题的新闻报道中，关于添加剂的报道有1 007篇，居于首位；而关于食品造假和卫生不达标的报道数量也居于前列。

常言道：病从口入，吃错东西会危害身体健康。如今一些学校周边的小商店都会出售一些这样的小食品：打开一包所谓的麻辣牛肉干，拿出一块放在口中咀嚼几下吐出来，一片殷红，连牙齿和舌头都被染红了；拆开一袋泡椒凤爪，放在外面连苍蝇都不叮，摆在那儿几天都不坏；一瓶包装花花绿绿的塑料瓶装饮料，打开瓶盖，一股浓重的塑料味扑鼻而来……估计这样的小食品一般人是不敢轻易品尝的。然而，许多诸如此类的劣质小食品却仍然被一些学生购买和食用，给我们学生的健康带来了重大的伤害。

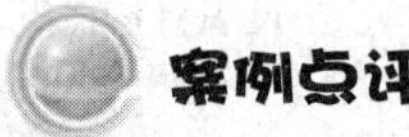

案例点评

案例1：调查发现，在北京市校园附近的小商店里大量摆放着各种廉价袋装小食品，像牛板筋、牛肉干、鹌鹑蛋、豆腐干、果味型饮料……每袋大都为一两元钱，而这些袋装小食品在正规商场、超市基本见不到。尽管有的小食品外包装上注明了生产厂家、生产日期、保质期及QS标志等，但大都印刷模糊、粗糙，相关厂家信息无法"对号入座"，小食品的身份令人生疑。这些价格低廉的小食品是学校周围小商店和小摊贩们的拳头商品，而它们当中绝大多数是"三无"产品或假冒伪劣、过期变质的食品。

点评：

这些小食品之所以价格低廉，是因为它们是非正规的食品加工企业生产的，其原材料低劣，生产环境差，毫无质量保证，食用后肯定会对健康造成伤害。有研究资料显示，受过污染或乱用添加剂的食物，是青少年患肠胃疾病，甚至是血液病的重要诱因之一，给青少年的健康成长造成了极大威胁。

案例2：2014年4月，浙江省杭州市曝光了有毒蜜饯食品，蜜饯中的添加剂超标3倍多，过量食用将会致癌。央视二台《消费主张》栏目记者调查显示：甜蜜素为白色结晶或结晶性粉末，无臭、味甜，研究表明，甜蜜素在生物体内可转化为毒性强的环己基氨，有致癌性。二氧化硫被用作漂白剂、防腐剂、抗氧化剂，二氧化硫可与血液中的硫胺素结合，长期食用可致脑、肝、脾等器官退化。苋菜红为红棕色至暗红色粉末或颗粒，它在胃肠道内还原为亚胺类致癌物。柠檬黄为橙黄色粉末或颗粒，其主要问题是致敏性，可引起过敏症状，如风疹、哮喘和血管水肿等。

点评：

根据此案例，联想到经常在街边小摊或者商店里看到的话梅、果脯等蜜饯食品，同学们在购买时有没有注意一下它里面的添加剂成分呢？在食用前有没有想一想这些添加剂对身体健康的影响呢？所以提醒同学们在食用零食时一定要看零食包装上的信息，如有没有厂址、保质期有没有过、有没有相关部门的许可证、是否含有过多添加剂等。

安全常识

一、让我们先来了解一下什么是假冒伪劣食品

假冒食品是指使用不真实的厂名、厂址、商标、产品名称、产品标志的食品，从而使客

户、消费者误以为该产品就是正宗的产品。伪劣食品是指质量低劣或者失去使用性能的食品。

一般来说，制造假冒伪劣食品的最终目的是用少量成本牟取更多的非法利润。为达到这一目的，不法分子会使用各种手段争取消费者的信任。尽管假冒伪劣的情况十分复杂，但我们还是可以通过分析总结其规律性的特点：

1. 以低值成分代替高值成分：如用豆浆掺牛奶，用脱脂奶粉代替全脂奶粉，用玉米须假冒发菜，用“三精水”冒充果汁，这样可以降低生产成本，赚取巨额差价。

2. 增强食品的感官性质，掩盖食品的劣点，使消费者误认为是质量好的食品，从而产生购买欲。如在白酒中加入敌敌畏造成饮用者的酩酊感，使消费者误认为是好酒；更有不法商家在火锅底料中加入罂粟壳，使人吃后成瘾，以此招徕回头客。

3. 增加食品的重量以变相地提高商品的价格，如木耳用盐水浸泡、发菜中掺入泥沙、牛奶加水等。

4. 非法延长食品保存期，使营养价值已经降低甚至丧失的食品重新被利用，将生产者的损失转嫁到消费者的身上。

5. 盗用名优产品的牌子，利用人们喜欢购买名牌的心理推销劣质食品。

二、假冒伪劣食品对人体造成的危害

1. 不合格的膨化食品、腌制和油炸食品不仅卫生指标中的菌落数、大肠菌群、过氧化值指标超标，还能产生亚硝胺、铅等致癌物质，食用后会导致胃肠不适、腹泻并损害肝脏。

2. 果冻、糖精、饮料、巧克力、方便面、罐头食品和泡泡糖等不宜多吃，这类小食品中大都加入了防腐剂、色素、甜味剂等添加剂，这些添加剂带有一定的负效应，甚至含有微量毒素，食用过量会对中枢神经系统造成危害。

3. 不合格的果脯、蜜饯中的甜蜜素超标，不合格的烤鱼片、牛肉干等食品中的大肠菌群和菌落总数超标。

4. “三无”食品：可能是过期食品、含有色素和防腐剂的食品，甚至是地下工厂生产的食品。一旦食用了这类食品，轻则腹痛，重则呕吐、腹泻，甚至食物中毒，情况更为严重的可致人死亡。

三、如何识别过期食品、假冒伪劣食品

1. 过期食品的辨别方法。

(1) 观察食品的外包装。

① 观察食品的外包装是否陈旧，包装上是否有较重的灰尘。

② 观察食品的外包装上是否印制有清晰的食品生产日期、保质期或者有效使用期限。

③ 计算食品是否在保质期内。若购买日期减去生产日期后小于保质期，表明食品未过期，可以食用；反之，则不能食用。

（2）感官识别。

感官识别就是科学运用自己的眼、鼻、手、口等器官，通过“一看”“二闻”“三摸”“四尝”的方法，对食品进行感官鉴定，再与新鲜食品及原料做比较，从而辨别食品是否过期。

① 看，就是观察食品的本身特征，比如观察食品的颜色是否正常。

② 闻，就是利用自己的嗅觉，闻食品是否有酸味、臭味和其他一些异味。

③ 摸，就是用自己的手摸，根据食品的弹性、韧性、紧密程度、黏性的变化，来确定食品的新鲜程度。

④ 尝，就是尝食品的滋味，看食品有无酸味、苦涩味和其他与食品本身滋味无关的味道。

2. 假冒伪劣食品的辨别方法。

（1）观察食品的外包装。

① 观察食品的包装是否存在破损、漏气和胀袋等现象，如果有则不能食用。

② 观察食品的包装上是否标有厂名、厂址，厂名和厂址是否一致，如果没有或不一致则不能食用。

③ 观察食品包装上是否印制有生产日期、保质期或者有效使用期限，如果没有则不能食用。

（2）观察食品标志。

我国批准销售的食品均有质量安全标志，即 QS 标志。因此，观察食品有无 QS 标志，并且看 QS 标志是否清晰，是辨别食品是否为假冒伪劣商品的一项重要指标。

3. 购买食品时的注意事项。

（1）购买食品时，应选择规范的食品专营店及有信誉的超市和商店。

（2）慎买促销、全新上市的食品和流动性较大的地摊食品。

（3）坚决不抱侥幸心理购买、食用假冒伪劣食品和过期的食品。

知识链接

其他常用的伪劣食品的识别方法：

1. 辨别注水肉。

注水肉在市场上经常出现，令人防不胜防，其实要想区别也比较容易。正常瘦肉的外表呈风干状，颜色略微发乌，注水后的瘦肉像洗过一样，看上去水淋淋的，略发亮。注水肉粘刀，不注水的肉不易粘刀。

有一个简单的区分办法：用干净的餐巾纸贴在瘦肉表面，稍压片刻，待纸略湿后揭下来。贴在正常猪肉上的纸只是略湿，能基本完整地揭下来，并且可以点燃。若是注水猪肉，则餐巾纸吸水过多，不容易揭下来，成为湿碎纸片。

2. 识别“加料”面粉。

很多人以为面粉越白越好,殊不知特别白的面粉往往有可能使用了工业染料“吊白块”,对人体有害。

从色泽上看,未使用增白剂的面粉和面制品为乳白色或微黄本色,使用增白剂的面粉及其制品呈雪白色或惨白色。从气味上辨别,未使用增白剂的面粉有一股面粉固有的清香气味,而使用增白剂的面粉淡而无味,甚至带有少许化学药品味。

使用增白剂过多的面粉蒸出的面食异常白亮,但会失去面食特有的香味。掺有滑石粉的面粉,和面时面团松懈、软塌,难以成形,食后胀肚。

3. 识别掺假食用油。

高品质食用油颜色浅,透明度好,无沉淀和悬浮物;低品质食用油颜色深(香油除外)。另外,还要看食用油有没有分层现象,若有分层现象则可能是掺假的混杂油。将油加热到150℃倒出,如果是优质食用油则应无沉淀。

4. 识别硫黄熏过的银耳。

从色泽上看,正常的银耳是很自然的淡黄色,如果颜色很白就要小心了。

从形状上看,好的银耳气味应该是自然芳香,如果能闻到刺激的气味,建议不要购买。

银耳本身无味,选购时可取少许试尝,如感觉有刺激感或辣味,很可能就是用硫黄熏蒸过的。

5. 识别上了红色素的辣椒粉。

鉴别的方法是:取少许辣椒粉放水中,若有红色素析出,即上了红色素;如无色素析出,则未上红色素。因为人工食用色素是水溶性色素,它只溶于水而不溶于油。而辣椒中的红色素属脂溶性色素,它只溶于油而不溶于水,所以它泡在水中没有红色素析出,若浸于油中,红色素便可溶解,使油变红。

模拟训练

● 在商店或者超市购买食品时,应如何鉴别假冒伪劣食品?

食品的种类五花八门,伪劣食品更是千奇百怪,鉴别伪劣商品的方法和途径也就千差万别,既然伪劣商品是“伪”和“劣”的东西,就必然会暴露出伪和劣的本质,只要我们在购买商品时提高警惕,细心观察,就可以发现其伪劣的一面。以下是一些鉴别的途径和方法。

1. 从包装及包装装潢上鉴别。

名优商品包装比较科学合理,包装材料讲究,而且名优食品的包装绝大多数是采用机械化包装,包装质量好,粘贴口和接口整齐、准确。伪劣商品一般包装简单粗糙,所用包装材料质量差,代用品多,包装多是手工操作,因此包装质量差,包装不平整,接口和粘贴口不整齐，常见松脱现象。

装潢印刷方面，名优商品印刷精美，套印精确，光泽度好；而伪劣商品包装粗制滥造，套色不准，图案中的几种颜色有移位现象，颜色暗淡、深浅不一、图案模糊。

2. 从商标上鉴别。

商标是商品的特定标记，是商品的生产或经营者用以说明自己所生产或经营的商品与他人生产或经营的同一种商品有所区别的标记。商标是经法定手续向商标管理部门申请并核准注册的，商标注册人受到法律的保护。经注册的商标，在包装物上标记有“注册商标”字样。由此可见，有注册商标的商品质量可信度高。

假冒商品的商标存在图案模糊不清、套色不准的问题。有些假冒商品的商标与真商标虽然极其相似，但总有一些细微差别，只要认真比较就可看出破绽。

3. 注意有无防伪标识。

许多正规厂家已经增强了防假冒的意识，纷纷采取许多防伪措施，如加印条形码、贴上激光标签和使用变色封口纸等。这些防伪标志在一般条件下难以模仿，需要花费大量金钱，对以牟取暴利为目的的非法经营者来说是不合算的。因此，查看有无防伪标识也是一种鉴别手段。

4. 利用食品标签鉴别。

制造伪劣食品的经营者一般都不愿公开自己的厂名、厂址，不熟悉《食品标签通用标准》，因此不少伪劣产品是匿名产品或标签不齐全的产品。许多名优产品的厂家已经根据《食品标签通用标准》的要求标明批号、生产日期、保存期限等；而许多伪劣食品包装上没有打上“三期”，尤其是生产日期。所以，消费者应该购买食品标签完备，有批号、生产日期和保存期限的食品。

5. 感官鉴别。

感官鉴别就是对食品进行色、香、味、形等多个方面的检查。检查食品是否有异常的现象，不仅要注意不良的异常现象，还要注意“好”得出奇的现象。

交流讨论

1. 还有哪些识别伪劣食品的小窍门?
2. 有些食品,我们明明知道它是劣质食品,可为什么还是会争先恐后地去购买呢?

话题22 食物中毒须急救

引 言

卫生部曾通报：2014 年第一季度共收到全国食物中毒类突发公共卫生事件报告 17 起，中毒 438 人，其中死亡 12 人。据了解，3 月份报告的食物中毒事件中毒人数最多，占总报告中毒人数的 47%。按食物中毒原因分类，有毒动植物引起食物中毒事件的报告起数和中毒人数最多，分别占总报告起数和总中毒人数的 35.3% 和 41.8%；化学性食物中毒事件的死亡人数最多，占总死亡人数的 41.7%。第一季度报告的学生食物中毒事件均发生在学校食堂，与 2013 年同期相比，学生食物中毒事件的报告起数增加 3 起，中毒人数增加 159 人，死亡人数增加 1 人。

食物中毒通常是进食被细菌及毒素污染的食物，或摄食含有毒素的动植物，如毒蕈、河豚等引起的急性中毒性疾病。食物中毒的潜伏期短，可集体发病，表现为起病急骤，伴有腹痛、腹泻、呕吐等急性肠胃炎症状，常有畏寒、发热等症状，吐泻严重可引起脱水、酸中毒和休克等。抢救食物中毒的病人，时间是最宝贵的。

案例点评

案例 1：2014 年 10 月 10 日，思茅区某学校发生了一起食用变质米干导致 53 人中毒的事件。经调查，学校食堂所供应的米干是 10 月 9 日下午 2 时左右从米干厂购买的，然后放置于班车行李架上托运，班车几经停留，直至 9 日晚上才送到学校食堂。食堂工作人员收到米干后在室内常温下放置，到 10 月 10 日供应早点时，距米干出厂已经 17 个小时。炊事员在抓米干时发现有馊味，米干已明显变质，但未予以重视，只将米干在开水里烫了一下就加入肉汤、佐料中供学生食用，最终导致了食物中毒事故。

点评：

此起中毒事件主要是因为炊事人员为了节约几斤米干，没有将已经变质的米干倒掉，仍然加工给学生食用引起的。米干变质后产生蜡样芽孢杆菌，导致食用的学生发生蜡样芽孢杆菌中毒。

案例2：2014年9月14日，普洱市某技工学校发生一起食物中毒事件，经查明，这是一起食用凉拌皮蛋而导致的细菌性食物中毒事件，共有25名学生发病，中毒学生均食用过学校食堂加工销售的凉拌皮蛋，中毒学生经医院及时救治后均痊愈，无死亡。

点评：

皮蛋，又叫松花蛋，其外壳上含有很多细菌，污染皮蛋的细菌主要是沙门氏菌。若在皮蛋选购、制作过程中不注意卫生，就很容易引起中毒。因此，学校食堂、单位食堂、大型活动和宴请均禁止供应皮蛋。该学校食堂的管理人员和厨师违反规定加工皮蛋供学生食用，最终导致学生食物中毒。

案例3：2012年7月25日和7月26日两天，汉中市接连发生多起食用野生蘑菇中毒事件，共17人中毒，其中包括3名未成年的孩子，17人中有3人不治身亡。这些中毒患者分别来自镇巴县、南郑县和勉县，其中镇巴县盐场镇刘家河村的周某一家4人在7月19日吃了从山上采的野蘑菇后出现不适感，随后全家被送到县医院救治，经救治后周某本人的状况稳定，而他的妻子和两个孩子都不治身亡。

点评：

自然界有一些原本就带毒的蘑菇，也有一些野生蘑菇因为环境变化出现变异，会由无毒变成有毒，因此最好不要随意食用野生蘑菇，食用蘑菇后的中毒程度和食用的数量也有关系。

安全常识

一、如何判断食物中毒

1. 凡是吃了被细菌（如沙门氏菌、葡萄球菌、大肠杆菌、肉毒杆菌等）和它的毒素污染的食物，或是进食了含有毒性的化学物质的食品，或是本身含有自然毒素的食物（如河豚、毒蘑菇、发芽的土豆等），而引起的急性中毒性疾病，都叫食物中毒。食物中毒多发生在气温较高的夏秋季，可以个别发病，也可以集体中毒（如发生在食堂里及宴会上）。

2. 食物中毒者最常见的症状是剧烈呕吐、腹泻，同时伴有中上腹部疼痛。食物中毒者常会因上吐下泻而出现脱水症状，如口干、眼窝下陷、皮肤弹性消失、肢体冰凉、脉搏细弱、血压降低等，严重者可致休克。故必须给患者补充水分，有条件的可输入生理盐水。症状轻者让其卧床休息。如果仅有胃部不适，多饮温开水或稀释的盐水，然后用手伸进咽部催吐。如果发觉中毒者有休克症状（如手足发凉、面色发青、血压下降等），则应使其立即平卧，双下肢尽量抬高，并速请医生进行治疗。

3. 吃有毒河豚者,食后 2 ~3 小时便会感觉舌头或手足麻木。早些催吐效果较好,并应急送医院抢救。如耽误 4 小时以上便会因呼吸麻痹而死亡。毒蘑菇中毒除了有胃肠道症状外,还可见痉挛、流口水、出现幻觉、手发抖等症状。急救时先催吐,然后再送医院。

4. 如果是集体中毒,救护工作要有条理。首先应立即停止食用可疑食物,同时,立即拨打“120”电话呼救,还应迅速通知卫生检疫部门检疫。最好能保留吃剩下的食物,以利于诊断、治疗或检疫。

二、如何加强食物中毒的预防

1. 不吃不新鲜或者腐败变质的食品;不吃被卫生部门禁止上市的海产品;不在无证摊贩处购买食品;不购买无商标或无出厂日期、无生产单位、无保质期限等不符合规范的罐头食品以及其他包装食品。

2. 不自行采摘蘑菇、鲜黄花或不认识的植物食用。买回来的蔬菜要在清水里浸泡半小时或更长时间,并多换几次水,要洗得干净,以防农药对身体的危害。

3. 不吃发芽的土豆。因为发芽、青绿色或未成熟的土豆着色部分含龙葵素,会引起中毒。豆类一定要炒熟后再食用。四季豆含有皂素等有毒物质,如果吃了未熟或凉拌的四季豆,半小时到几小时之内就可发生中毒。慎食有毒鱼类,如河豚,河豚的肝、肠、卵巢内含有大量的河豚毒素,可引起呼吸肌麻痹,甚至导致死亡。

4. 生熟食品要分开,工具(刀、砧板、揩布等)也要做到生食或熟食专用,餐具要及时洗擦干净,有消毒条件的要经常消毒。亚硝酸盐中毒时,通常会出现胸闷憋气、口唇发干等症状。腌制食品(如腌肉、泡菜)中亚硝酸盐含量较高,不宜一次大量食用或经常食用。变质蔬菜含较多亚硝酸盐,更不宜食用。

5. 家中不宜放农药等毒品。至少要使有毒物品远离厨房和食品柜。

6. 服药要遵医嘱,要按说明书服用。服药前要仔细辨认,还要注意有关药物的禁忌事项。

三、食物中毒时应采取的应急措施

1. 催吐。如食物吃下去的时间在 1 ~2 小时内,可采取催吐的方法。立即取食盐 20 克,加开水 200 毫升,冷却后一次喝下。如不吐,可多喝几次,以迅速促进呕吐。亦可用鲜生姜 100 克捣碎取汁,用 200 毫升温水冲服。严重者应及时送医院治疗。

2. 导泻。如果患者吃下中毒的食物时间超过 2 小时,且精神尚好,则可服用些泻药,以促使中毒食物尽快排出体外。

3. 解毒。如果是吃了变质的鱼、虾、蟹等引起的食物中毒,可取食醋 100 毫升,加水 200 毫升,稀释后一次服下。若是误食了变质的饮料或防腐剂,最好的急救方法是用鲜牛奶或其他含蛋白质的饮料灌服。

4. 如果经上述急救后病人的症状未见好转,或中毒较重者,应尽快送医院治疗。

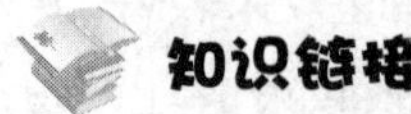

食物中毒的分类

食物中毒一般可分为细菌性(如大肠杆菌)食物中毒、化学性(如农药)食物中毒、动植物性(如河豚、扁豆)食物中毒和真菌性(毒蘑菇)食物中毒。

1. 细菌性食物中毒。

细菌性食物中毒是指人们摄入含有细菌或细菌毒素的食品而引起的食物中毒。引起食物中毒的原因有很多,其中最主要、最常见的原因就是食物被细菌污染。

细菌性食物中毒的特征主要有:

(1) 通常有明显的季节性,多发生于气候炎热的季节,一般以5~10月份最多。

(2) 引起细菌性食物中毒的食品主要是动物性食品,如肉、鱼、奶和蛋类等;少数是植物性食品,如剩饭、糯米凉糕、面类发酵食品等。

(3) 抵抗力弱的人,如病人、老人和儿童易发生细菌性食物中毒,发病率较高,急性胃肠炎症状较严重,但此类食物中毒病死率较低,预后良好。

食物被细菌污染主要有以下几个原因:

(1) 禽畜在宰杀前就是病禽、病畜。

(2) 刀具、砧板等用具不洁,生熟交叉感染。

(3) 卫生状况差,蚊蝇滋生。

(4) 食品从业人员带菌污染食物。

2. 化学性食物中毒。

化学性食物中毒主要指一些有毒的金属、非金属及其化合物、农药和亚硝酸盐等化学物质污染食物而引起的食物中毒。引起化学性食物中毒的原因主要是误食有毒化学物质或食入被化学物质污染的食物。

化学性食物中毒的特征主要有:

(1) 发病快。潜伏期较短,多在数分钟至数小时,少数也有超过1天的。

(2) 中毒程度严重,病程比细菌性毒素中毒的病程长,发病率和死亡率较高。

(3) 季节性和地区性特征均不明显,中毒食品无特异性,多为误食或食入被化学物质污染的食品引起,其偶然性较大。

化学性食物中毒的原因主要包括:

(1) 误食被有毒的化学物质污染的食品;

(2) 食用添加非食品级的或伪造的甚至禁止使用的添加剂、营养强化剂的食品,以及超量使用食品添加剂的食品。

(3) 食用贮藏不当等原因造成的营养素发生化学变化的食品,如油脂酸败造成中毒。

3. 动植物性食物中毒。

因食用动物或者植物引起的食物中毒即为动植物性食物中毒。

动物性中毒食品主要有两种:

(1) 天然含有有毒成分的动物或动物的某一部分。

(2) 在一定条件下产生了大量有毒成分的可食用的动物性食品,如食用鲐鱼等可引起中毒。

植物性食物中毒主要有三种:

(1) 将天然含有有毒成分的植物或其加工制品当作食品,如桐油、大麻油等引起的食物中毒。

(2) 将未能破坏或除去有毒成分的植物当作食品食用,如木薯、苦杏仁等。

(3) 在一定条件下,不当食用含大量有毒成分的植物性食品,如食用鲜黄花菜、发芽土豆、未腌制好的咸菜或未烧熟的扁豆等造成中毒。

4. 真菌性食物中毒。

因食用霉变食品引起的中毒叫作真菌性食物中毒。

真菌性食物中毒的症状主要有:

急性真菌性食物中毒潜伏期短,先有胃肠道症状,如上腹不适、恶心、呕吐、腹胀、腹痛、厌食,偶有腹泻等;依各种真菌毒素的不同作用,发生肝、肾、神经、血液等系统的损害,出现相应症状,如肝脏肿大、压痛、肝功异常、黄疸、蛋白尿、血尿、甚至尿少、尿闭等。

引起真菌性食物中毒的原因有:

主要是谷物、油料或植物储存过程中生霉,未经适当处理即作食料,或是已做好的食物放久发霉变质误食引起,也有的是在制作发酵食品时被有毒真菌污染或误用有毒真菌株。发霉的花生、玉米、大米、小麦、大豆、小米、植物秧秸和黑斑白薯是引起真菌性食物中毒的常见食料。

模拟训练

● 在日常生活中,有些食物中毒现象是经常发生的,如果出现以下这几种情况你该怎么办?

1. 蘑菇中毒。

一旦误食蘑菇中毒,要立即催吐、洗胃、导泻。对中毒不久而无明显呕吐症状者,可先用手指、筷子等刺激其舌根部催吐,用浓茶水等反复洗胃,让中毒者大量饮用温开水或稀盐水,以减少对毒素的吸收。

2. 扁豆中毒。

扁豆中含有皂素等有害物,如果吃了加热不透的扁豆,半小时到几小时之内就可发生中毒,具体表现为恶心呕吐、白细胞增高。如果食用了急火炒或凉拌的扁豆,也容易发生中毒现象，中毒轻者经过休息可自行恢复，用甘草、绿豆适量煎汤当茶饮也有一定的解毒作用。

3．发芽土豆中毒。

发芽土豆中毒表现为咽喉部及口腔有烧灼感和瘙痒感，并有恶心、呕吐、腹痛、头昏、头痛等现象。中毒较轻者，可多饮淡盐水、绿豆汤、甘草汤解毒；中毒较重者，应立即用手指、筷子等刺激舌根部催吐，然后用浓茶水洗胃，反复多次，尽量将胃中尚未被吸收的毒素排出，适当饮用一些食醋也可解毒；中毒者昏迷时，旁人也可用手按掐人中、涌泉穴急救，同时应立即送中毒者到附近医院救治。

4．细菌性中毒。

食物在制作、储运、出售过程中如果处理不当会被细菌污染。吃这样的食物会导致细菌性食物中毒。催吐后，如果胃内食物已吐完仍然感到恶心、呕吐不止，可用生姜汁1匙加糖冲服，以止呕吐，或者吃生大蒜4～5瓣，每天生吃2～3次。几天内尽量少吃油腻食物。

交流讨论

1．常见的引起中毒的食物有哪些？

2．日常生活中我们应如何预防食物中毒？

专题十　玩乐也会生悲

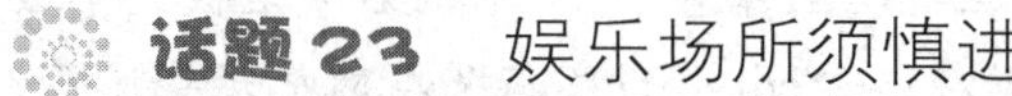

话题23　娱乐场所须慎进

引　言

近年来,各种各样的娱乐场所,如歌厅、酒吧、夜总会、网吧迅猛发展,这些场所也成了广大青少年娱乐消遣的地方。然而个别场所在管理方面还存在着一些问题,其中,社会治安问题愈来愈突出,青少年违法犯罪案件数量呈上升势头。据某地区法院统计,青少年在歌厅、酒吧、夜总会、网吧等场所引发的各种犯罪案件数量占刑事案件的3%以上。

青少年学生花的是父母的钱,不该进入消费高的娱乐场所,而且大部分的娱乐场所都是专为成年人而开设的,如酒吧、舞厅等,如果学生经常出入这种地方,容易沾染上不良习气,对自身的发展不利。

案例点评

案例1:娱乐场所确实发生了很多伤害事件,甚至可以说是犯罪事件的多发地。有媒体曾经报道:扬州警方在一次整治娱乐场所的活动中抓获90余名犯罪嫌疑人;南宁清查163家娱乐场所,重拳打击毒品犯罪,其中未成年人犯罪占了近三成。

点评:

发生在娱乐场所的案件不胜枚举,涉世不深的学生应该远离这些娱乐场所。有少数学生进入这些娱乐场所的目的无非是想放松一下,秀一下自己的技艺,却不知道这里历来是鱼龙混杂的地方,从来不乏挥金如土的新贵和无事生非的亡命徒。稍不注意就会惹麻烦上身,或者引发一些人身安全事故,更有甚者误入歧途,走上违法犯罪的道路。

案例 2:2014 年 3 月 31 日,重庆市沙坪坝区某镇中学 3 名高一学生逃学后,在一家"黑网吧"内通宵玩游戏 40 多个小时,其中一人连续沉迷于电脑游戏 3 个通宵,之后三人极度困乏,离开网吧后回家,路过铁路时竟然躺在铁轨上睡着了,其中两名学生被火车碾死。另外一人被火车惊醒而死里逃生,逃生后他对记者说:"如果不是在网吧玩昏了头,我的同学一定会被火车惊醒,他们绝不会死的!"

点评:

该案例中,未成年学生进入网吧玩游戏后过度疲劳昏睡在铁轨上,最终造成被火车碾压的惨剧。电脑游戏对部分不成熟的未成年人的危害不亚于毒品,非常容易使未成年人上瘾,最终造成不良后果。

案例 3:每到夜晚,某高职院大三女生小周都会一改白天清纯的打扮,穿着稍显性感的衣服匆匆走出寝室,直到深夜才姗姗而归。对这种现象,同寝室的同学已经见怪不怪了:"她在一家酒吧当服务员。"据知情者介绍,确实有不少学生在附近的酒吧、KTV 里打工挣钱,他们利用晚上时间在这些娱乐场所做服务生,在自己玩乐的同时赚钱。

点评:

有些学生平时学习比较轻松,同时想减轻家庭的负担,或者追求更好的生活,因而去娱乐场所打工。虽然初衷不错,也能挣到钱,但风险也很大,甚至可能会误入歧途,青年学生应意识到这些,尽量避免去这样的娱乐场所打工。

⚠ 安全常识

一、清醒认识娱乐场所的功能及消费群体

根据相关规定,营业性歌舞厅等不适宜未成年人活动的场所不得接纳未成年人,并应设置明显的禁入标志。电子游戏机、游艺机经营场所,除国家法定节假日外,不得向未成年人开放。这是对娱乐厅消费对象的限定,即从保护未成年人身心健康的目的出发,要求娱乐场所经营单位在经营期间有义务阻止未成年人进入歌舞娱乐厅或其他娱乐场所。

另外,教育部、财政部于 2007 年下发的《中等职业学校学生实习管理办法》规定:组

织安排学生实习，要严格遵守国家有关法律法规，为学生实习提供必要的实习条件和安全健康的实习劳动环境……不得安排学生到酒吧、夜总会、歌厅、洗浴中心等营业性娱乐场所实习。

二、经常出入娱乐场所对学生的身心影响

1. 经常出入歌舞厅对学生身体的影响。

噪声对人类的危害最直接的是听力损害。对听觉的影响，是以人耳暴露在噪声环境前后的听觉灵敏度来衡量的，这种变化称为听力损失。如果人们长期在强烈的噪声环境中工作，日积月累，内耳器官不断受噪声刺激，便可发生器质性病变，成为永久性听阈位移，这就是噪声性耳聋。

2. 经常上网对学习的影响。

大多数的学生利用网络来学习、打游戏、聊天、发电子邮件，有少部分学生会利用网络做一些不应当做的事，如浏览不良网页、在网上偷取他人资料、在网上传播盗版碟片等。其直接影响是：眼睛近视、浪费时间和金钱、影响睡眠、伤害身体、无心学习。

3. 进入娱乐场所可能导致违法犯罪。

学生正处在青少年时期，他们是一个特殊的社会群体，涉世不深，缺少社会经验和明辨是非的能力，自制力和稳定性都较差。娱乐场所是个开放的世界，鱼龙混杂，充斥着许多不良文化的污浊空气。可塑性极强的青少年学生在这些不良文化的长期影响下心理容易发生畸变，理想会被严重扭曲，纯洁心灵遭受毒害，价值取向陷入不能自拔的误区，超前消费和追求感官刺激的欲望日渐增加。当他们的欲望因受种种条件的制约而无法得到满足，且又不能理智地调整时，满足低级的生理需求和物质需要便会成为其追求的先期目标，从而无视社会公德和法律规范，铤而走险，踏进犯罪的深潭。

三、学生可以选择身心更健康的娱乐方式。

每个年龄阶段的人都有适合自己的娱乐方式，学生也不例外。青少年学生要加强自身的修养，自觉抵制不良因素的影响。我们可以听音乐、看书、看电影、多参加运动来展现年轻人健康、积极、向上的特质。社会是一个开放的舞台，青少年学生可以参加很多的实践活动，比如当志愿者、做义工、兼职打工、进修课程、旅行等，这些活动既能锻炼能力，又有利于身心健康。

知识链接

所谓的娱乐场所一般是指以营利为目的并向公众开放，供消费者自娱自乐的歌舞、游艺等场所中。

娱乐场所中，一类是以人际交谊为主的歌厅、舞厅、卡拉OK厅、夜总会等；另一类是依靠游艺器械经营营利的场所，如电子游戏厅、游艺厅等。青少年学生经常进出的娱乐场所一般有网吧、游戏厅、歌厅、舞厅、卡拉OK厅等。

模拟训练

通过分组问卷调查的形式来了解周围同学进出娱乐场所的范围、频率以及时间等大体情况。

● **问卷中设置的问题。**

1. 你进出娱乐场所的频率是（　　）

A. 几乎没去过　B. 很少去　C. 偶尔去　D. 经常去

2. 你去过的娱乐场有（多选）（　　）

A. 卡拉OK厅　B. 酒吧　C. 网吧　D. 台球厅

E. 其他

3. 你经常去的娱乐场所是（　　）

A. 卡拉OK厅　B. 酒吧　C. 网吧　D. 台球厅

4. 你一般进出娱乐场所的时间是（　　）

A. 周末　B. 上学期间　C. 假期　D. 其他时间

● **将调查结果进行整理。**

1. "你进出娱乐场所的频率"的调查结果：

A. 几乎没去过的所占比例为________%。

B. 很少去的所占比例为________%。

C. 偶尔去的所占比例为________%。

D. 经常去的所占比例为________%。

从调查的数据中得出结论：____。

2. "你去过的娱乐场有哪些"的调查结果：

A. 卡拉OK厅所占比例为________%。

B. 酒吧所占比例为________%。

C. 网吧所占比例为________%。

D. 台球厅所占比例为________%。

E. 其他所占比例为________%。

从调查的数据中得出结论：____。

3. "你经常去的娱乐场所"的调查结果：

A. 卡拉OK厅所占比例为________%。

B. 酒吧所占比例为________%。

C. 网吧所占比例为________%。

D. 台球厅所占比例为________%。

从调查的数据中得出结论：____。

4. “你一般进出娱乐场所的时间”的调查结果：

A. 周末所占比例为________%。

B. 上学期间所占比例为________%。

C. 假期所占比例为________%。

D. 其他时间所占比例为________%。

从调查的数据中得出结论：____。

● 根据上述调查，分析周围同学进出娱乐场所的情况，并说明这种现象到底是好是坏，对同学们的身心发展又有怎样的影响。

交流讨论

1. 你如何说服自己和同学不进入娱乐场所？

2. 你会选择什么样的健康方式来娱乐？

话题 24 户外活动要当心

引 言

每逢假期,同学们都会想到户外郊游、放风筝、游泳、滑冰等,通过这些户外活动来调节身心、愉悦心情、亲近大自然。然而,户外活动虽然有趣,但是也潜藏着危险。

近年来,随着户外活动的增多,发生的安全事故也逐渐增多。据不完全统计,2014 年我国发生户外安全大事故 100 多起,几乎每周都发生户外安全事故。在这类事故中死亡或失踪人数达 167 人,受伤人数达数百人。那么,我们在户外活动中需要注意哪些安全问题呢?

案例点评

案例 1:2012 年 6 月 9 日,山东省莱芜市莱城区杨庄中学 7 名初三学生结伴在莱芜汇河下游游泳时溺水身亡;湖南省邵阳市隆回县桃洪镇文昌村 5 名高中生在桃洪镇竹塘村向家山塘游泳时溺水身亡;黑龙江省哈尔滨市呼兰区方台镇 7 名学生在松花江边游玩时,4 人溺水身亡。

点评:

学生溺水死亡事故,大多发生在周末、节假日或放学后,多发生在农村地区,大多发生在无人看管的江河、池塘等野外水域,大多发生在学生自行结伴游玩的过程中,大多发生在初高中生中,并且以男生居多。如果学校和家长加强教育和监管,加上我们学生主动预防,完全可以避免或减少此类悲剧的发生。

案例 2:2015 年夏季某天,中山市南头镇停电,该镇一处万伏高压线被烧毁,现场发出多次巨响。中山市组织50多名供电抢修人员经过8小时抢修后才恢复了供电。令人目瞪口呆的是,导致该起事故的罪魁祸首竟然是一只小小的风筝,原来是几个南头镇的学生放了暑假,在高压线附近的空地上放风筝,结果引发了事故。

点评:

放风筝原本是一项很好的户外娱乐活动。然而,在电力线路附近放风筝,一旦失控,很容易将风筝线缠绕在电力线上,酿成大祸。每年我国因放风筝引发的电网事故和人身触电伤亡事故不胜枚举,这不但给国家财产造成不必要的损失,而且还给家庭带来不幸和伤痛。高压线等电力设备与导电物体距离太近时会产生放电现象,制作风筝的材料有些是导电材料,如果空气潮湿,风筝线也会导电。一旦导电的风筝或风筝线与高压电线接触或距离高压线很近,高压线通过风筝或风筝线将高电压传到人身上,会对人身造成危害。

案例3:2012年3月29日上午,某学院学生小黄和小黎到梅江区泮坑风景区攀登海拔980多米的高观音山,下午下山时为走捷径而迷了路,走进了被当地山民称为"无人谷"的一片偏僻深山老林。下午6时,天渐渐黑了,精疲力竭地在山中转了一天的小黄、小黎只好用手机向梅州"110"求救。很快,3支由民警、镇村干部、山民、守林员等共120多人组成的搜救队伍从三个不同方向走进高观音山山脉进行搜索。直至次日凌晨6时许,搜救人员才在深山中找到了饥寒交迫、十分虚弱的小黄和小黎。

点评:

青年人爱冒险,喜欢爬山探险,但是缺少经验,发生安全事故的可能性也就更加高了。本案例中的学生因缺乏野外生存常识,缺乏对气象、地形的了解,不知道如何规避危险,不了解救助知识而盲目出行,一旦出现意外事故,无法自己施救。

安全常识

一、户外活动应当注意的安全问题

1. 在游乐场活动应注意哪些安全问题?

近些年来,游乐场的发展较为迅速,大大小小的各类游乐场较多。同学们去游乐场活动应注意下列安全事项:

(1) 最好有家长或老师带领,活动时要遵守游乐场的安全规定。

(2) 要选择经国家检测合格,比较安全、正规的游乐场。

(3) 参加每一项活动,都要严格按规定采取保险措施,例如,系好安全带、锁好防护栏等，不要开玩笑或冒险做出一些危险的举动。

（4）当患病或身体有其他不适时，不要勉强参加活动。

（5）参加球类游戏时，要学会保护自己，不要在争抢中蛮干而伤及他人。在这些争抢激烈的运动中，自觉遵守竞赛规则对于安全是很重要的。

（6）最好不要在夜晚游戏，天黑视线不好，人的反应能力也下降了，容易发生危险。

2. 登山活动应注意哪些安全问题？

登山对人的身心健康大有好处，但也潜伏着一定的危险。为了保证安全，应该做到：

（1）登山时有老师或家长带领，要集体行动。

（2）登山的地点应该慎重选择。要向附近居民了解清楚当地的地理环境和天气变化情况，选择一条安全的登山路线，并做好标记，防止迷路。

（3）备好运动鞋、绳索、干粮和水。在夏季，一定要带足水，因为登山会出汗，如果不补充足够的水分，容易虚脱、中暑。

（4）最好随身携带急救药品，如云南白药、止血绷带等，以便在发生摔伤、碰伤、扭伤时派上用场。

（5）登山时间最好安排在早晨或上午，午后应该下山返回驻地。不要擅自改变登山路线和时间。

（6）背包不要手提，要背在双肩，以便于双手抓攀。还可以用结实的长棍作手杖，帮助攀登。

（7）千万不要在危险的崖边照相，以防发生意外。

3. 游泳时应注意哪些安全问题？

游泳是一项十分有益的活动，同时也存在着危险。要保证安全，应该注意下列安全问题：

（1）游泳需要经过体格检查。患有心脏病、高血压、肺结核、中耳炎、皮肤病、严重沙眼以及其他传染病的人不宜游泳。

（2）要慎重选择游泳场所，尽量不要到江、河、湖、海去游泳。

（3）下水前要做准备活动。可以先跑跑步、做做操，活动开身体，还应用少量冷水冲洗一下躯干和四肢，这样可以使身体尽快适应水温，避免出现头晕、心慌、抽筋现象。

（4）饱食或者饥饿时，剧烈运动和繁重劳动以后，不要游泳。

（5）水下情况不明时，不要跳水。

（6）发现有人溺水时，不要贸然下水营救，应大声呼唤成年人前来相助。

（7）游泳要有成年人陪同。

4. 滑冰应注意哪些安全问题？

滑冰融健身与娱乐为一体，是一项深受同学们喜爱的活动。滑冰时应注意下列安全问题：

（1）要选择安全的场地，最好选择在室内溜冰场进行。在我国北方，如果在自然结冰的湖泊、江河、水塘上滑冰，应选择冰冻结实，没有冰窟窿、裂纹或者裂缝的冰面，要尽量在距离岸边较近的地方滑冰。初冬和初春时节，冰面尚未冻实或已经开始融化，千万不要去滑冰，以免冰面断裂而发生事故。

（2）初学滑冰者，不可性急莽撞，学习应循序渐进，特别要注意保持身体重心平衡，避免向后摔倒而摔坏腰椎和后脑。在滑冰的人很多时，要注意力集中，避免相撞。

（3）结冰的季节，天气十分寒冷，滑冰时要戴好帽子、手套，注意保暖，防止感冒和身体暴露在外的部位发生冻伤。

（4）滑冰的时间不可过长，在寒冷的环境里活动，身体的热量损失较大。在休息时，应穿好防寒外衣，同时解开冰鞋鞋带，活动脚部，使血液流通，这样能够防止生冻疮。

5. 放风筝应注意哪些安全问题？

春天，放学后或节假日，许多同学喜欢到户外去放风筝。放风筝时应该注意下列安全问题：

（1）不要在公路或铁路两侧放风筝。公路上来往车辆多，情况复杂，铁路上也常有火车通过。许多同学为了把风筝放起来，只顾向前奔跑，还有的同学喜欢拉着风筝线倒退着走，这时如果有火车或汽车通过，就容易发生交通事故。

（2）不要到农村场院内放风筝。农忙时，场院内有许多临时安装的电灯、电闸等。如果不注意，风筝缠上电线造成短路，不但有触电的危险，而且有可能引起火灾。

（3）不能在设置高压线的地方放风筝。这些地段高压线密集，若风筝缠在高压线上，容易造成人员伤亡和电器设备的损坏。

6. 燃放烟花爆竹应注意哪些安全问题？

烟花爆竹在许多城市已经明令禁止燃放了，但在有些地方仍然是允许的。在明令禁止的地方，同学们要认真遵守当地的有关法规。那么在允许的地方，燃放烟花爆竹时该如何注意安全呢？

（1）燃放爆竹时应该由大人带领，在指定燃放点燃放。

（2）烟花爆竹应该存放在远离火源的安全地方，不能放在炉火旁。

（3）为了防止发生火灾，严禁在阳台、室内、仓库、场院等地方燃放鞭炮。也不允许在商店、影剧院等公共场所燃放。

（4）严禁用鞭炮玩打火仗的游戏，因为这样做很容易伤人。

（5）燃放时，应将鞭炮放在地面上，或者挂在长杆上。拿在手里燃放很危险，容易发生事故。

（6）点燃鞭炮后，若没有炸响，在未确认不存在安全问题以前，不要急于上前查看。

（7）燃放烟花爆竹时，不要横放、斜放，也不要燃放“钻天猴”之类的升空高、射程远的难以控制的品种，以防止引起火灾或炸伤人。

二、积极预防和正确处理户外活动中的各种意外

当户外活动中遇到特殊情况和紧急情况时，正确面对和冷静处理是自救和互救的关

键。其基本原则是通过事先充分的准备,主动预防身体遭受意外伤害,并在伤害发生时能够正确地应急处理。下面介绍几种常见的户外活动中出现的问题。

1. 中暑。

中暑是指在高温和热辐射的长时间作用下,机体体温调节产生障碍,水、电解质代谢紊乱及神经系统功能损害的症状的总称。

症状表现:患者感到热、晕眩、不安宁,体温可能升至40℃以上,皮肤干燥而泛红,呼吸和脉搏加速,还有的患者会出现意识不清等症状,严重者甚至还会休克。

应急处理:

(1) 应尽快将患者移至阴凉通风处,解开患者衣物,用各种办法降低患者的体温。

(2) 如有必要,可用浸水、敷湿衣及吹风等方法迅速降低体温,直至症状消失。

(3) 服用解暑药品,如藿香正气液。

(4) 如果上述办法都无效,就应该立即将患者送到医院进行医治。

过热衰竭(脱水)。一般人容易将其和普通中暑混淆,在进行户外运动时更不容易辨别,因此这里重点说明。此病症的发生多由于在炎热潮湿或极度干燥的气候条件下进行户外运动时未能科学、及时饮水,结果造成身体中水分和盐分大量流失,出现身体严重脱水的状况。

症状表现:患者体力衰竭、头痛、晕眩、恶心及肌肉抽筋,面色苍白,皮肤湿冷,呼吸和脉搏快而浅弱,体温可能正常或下降。严重者会休克,甚至死亡。

应急处理:

(1) 将患者移至阴凉处,保持空气流通,同时解开衣物以利于呼吸通畅,若患者清醒,给其喂食补充液。

(2) 如果患者大量流汗,发生抽筋现象,可按1升水加半匙盐的配方进行喂食。

(3) 密切观察患者的体温变化,若出现体温降至正常体温以下的异常情况,应该对患者采取保温措施。注意体温是否仍在下降,如果是就相当危险,这时一方面要持续补充水分,同时进行体温提升;另一方面要联系救援以便及早进行抢救。

(4) 如果患者出现休克症状,应立即采取指压人中或人工呼吸等急救措施,让患者恢复呼吸和心跳,同时联系救援以便及早进行抢救。

主动预防:

(1) 多喝水。最好饮用运动功能性饮料,也可自制补充液。

(2) 多休息。行程中应适当进行休息,不要过度疲劳。

(3) 避暴晒。行程中应该尽量避免长时间受到太阳的直接照射,以减少体内水分蒸发。

(4) 补充能量。途中休息时应及时补充进食能量食品,如巧克力、糖果等热量高的小食品。

2. 滑跌。

经过湿滑的石面、泥路或布满沙粒或碎石的地段，容易滑倒受伤。因此，在这些路段行走的时候要特别小心。

主动预防：

（1）选择合适的专业登山鞋和徒步鞋并根据路面情况及时更换。

（2）选择合适的手杖和防滑手套。手杖能够起到支撑和保持身体平衡的作用，防滑手套能够增大抓握摩擦。

（3）选择绕行道路。条件允许时应该避免强行通过上述路段，绕道而行也是一种主动的预防措施。

（4）协作通过。团队行进通过上述路段的时候应该发扬团结互助的精神，相互搀扶或利用辅助设施通过。

应急处理：

（1）发生滑跌时，通过检查判断有没有造成骨折、扭伤、擦伤或其他伤势。如果有，应该立即进行急救处理。

（2）骨折并不容易由表面察觉，若发现伤处红肿或疼痛，应引起重视，详细检查确认后进行处理。

（3）腿脚受伤经应急处理后，若可以继续行走，用手杖帮助或由队友扶持，不可以强行独自行走，以免加重伤势。

（4）个人因伤导致行动困难时，在对创伤部位进行必要处理后，使用各种方法进行呼救，并在原地等待救援。

（5）团队中有队员因伤导致行动困难时，要谨慎处理，尤其是对腿部骨折和胸部骨折更要谨慎，如果不能准确判断伤情，切不可随意挪动受伤人员。正确的做法是，将伤者用衣物覆盖以保温，等待救援。

3. 蛇咬。

差不多所有的蛇都非常怕人，除非它们认为受到威胁，否则一般不会主动攻击人类，多数会逃走。

主动预防：

（1）穿着长裤和高帮的鞋，在被蛇突然袭击时可以起到阻隔和防止被咬伤的作用。

（2）携带驱蛇药品。强效的驱蛇药品一般可以起到让蛇不愿靠近的作用。

（3）携带手杖。俗话说，打草可以惊蛇。如果遇到蛇，可使用手杖对蛇进行驱赶，但不要试图用其去杀死蛇。

（4）行进中应选择走现成路径，切勿擅自闯路或者随意走进草丛和杂树林。

正确应对：

遇到蛇时，保持镇定不动，让受惊的蛇尽快逃走。蛇的视力很好，在受到快速动作刺激时多数会立刻反击。

正确判断：

有毒蛇外表一般颜色比较艳丽，头部呈三角形，外露两个毒牙，咬痕为2～4个牙印。

无毒蛇外表一般颜色比较灰暗，头部呈扁圆形，无毒牙，咬痕为单排或多排细齿印。

应急处理：

(1) 应尽量保持冷静，如果是同伴受伤应尽量对其进行安慰，稳定其情绪。

(2) 用绷带或替代品缚扎伤口以上的部位。如伤口在手上或脚上，可用宽阔的绷带包裹伤口以上的部位。

(3) 被蛇咬后除非专业人士，否则不要割开伤口的皮肤吸吮或洗涤。让伤者躺下，停止伤处活动，但不要抬高伤处。不可喝酒，亦不应进行不必要的活动。如果带有蛇药，应尽快内服外用。

(4) 尽快到医院救治。如有可能的话，辨别毒蛇的种类、颜色和斑纹，如咬人的蛇已被捕捉，应该一并送往医院，以便医护人员辨认，使用适合的血清。

(5) 被无毒蛇咬后可以用肥皂等消毒药品对伤口进行处理，还应该到医院进行检查。

4. 蜂蜇。

在山野地方，经常有蜜蜂、大黄蜂或马蜂出没，应该小心避免误触蜂巢，以免导致蜂群的攻击而被蜇伤。

主动预防：

(1) 紧系衣物的领口、袖口、裤脚，减少皮肤外露。这样可以防止蜂虫进入衣内，减少被蜂蜇的部位。

(2) 走常有人走的路径，切勿自行闯路，避免走蕨丛和花丛，那里通常是黄蜂聚居的地方。

(3) 不要碰到蜂窝，切勿以树枝等拍打路边树丛。

(4) 在身体和衣服上喷涂防蚊油。

(5) 避免使用有芬芳气味的化妆品，因为有芬芳气味的化妆品可能会吸引蜜蜂。

正确应对：

(1) 若遇蜂巢或蜂群挡路，应选择绕路前进。

(2) 若遇一两只黄蜂在头上盘旋，可以不加理会，照常前进。

(3) 若遇群蜂追袭，可坐下不动，用外衣盖头、颈作保护，蜷曲卧在地上，待蜂群散开后再离开。

(4) 对被蜇后留有的蜇针，可用镊子拔除，但不要挤压毒囊，以免剩余的毒素进入皮肤。

(5) 可用冷水湿透毛巾轻敷在伤处，以减轻肿痛，如果有条件可用肥皂清洗或用专门的药物涂抹。

(6) 如果蜇伤严重应尽快到医院救治。

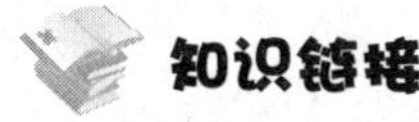

知识链接

● **常见的户外活动种类有哪些?**

1. 攀岩：按场地分为自然场地攀岩和人工场地攀岩，按工具分为自由攀登和器械攀登，是一项刺激且很有挑战性的活动。攀岩时要系上安全带和保护绳，并配备绳索等以免发生危险。

2. 野营：在野外露营、野炊。露营是一种休闲活动，通常露营者携带帐篷，离开城市在野外扎营，度过一个或者多个夜晚。通过野营，可以学习各种野外生活技能，在自然环境下，人与人之间的关系变得紧密、融洽。露营通常和其他活动联系在一起，如徒步、钓鱼或者游泳等。

3. 探险：户外休闲运动多数带有探险性，属于极限和亚极限运动，有很大的挑战性和刺激性。拥抱自然，挑战自我，能够培养个人的毅力、团队之间的合作精神，提高野外生存能力是户外保险的目的所在。

4. 徒步：亦称作远足、行山或健行，并不是通常意义上的散步，也不是体育竞赛中的竞走项目，而是指有目的地在郊区步行，不需要登上山顶，但是登山和穿越密切相关，两种活动经常结合在一起。

登山和穿越都需要专门的装备，如专门的登山鞋、冲锋衣裤等，登山穿越爱好者也需要准备一定的食物和工具，比如刀具、指南针等。

5. 冲浪：冲浪是以海浪为动力，利用自身的高超技巧和平衡能力搏击海浪的一项运动。运动员站立在冲浪板上，或利用腹板、跪板、充气的橡皮垫、划艇、皮艇等驾驭海浪。不论采用哪种器材，运动员都要有很高的技巧和平衡能力，同时要善于在风浪中长距离游泳。

6. 钓鱼：是捕捉鱼类的一种方法。钓鱼的主要工具有钓竿、鱼饵。钓竿一般由竹子或塑料等轻而有力的竿状物质制成，钓竿和鱼饵用丝线连接。一般的鱼饵可以是蚯蚓、米饭、菜叶、苍蝇、蛆等，市场上也有专门制作好的鱼饵。

模拟训练

● 学校准备组织大家去郊外露营，该如何保证大家的安全？

郊游、野营活动的地点大都远离城市，比较偏远，物质条件较差。所以，要注意以下事项：

1. 要准备充足的食品和饮用水。
2. 准备好手电筒和足够的电池，以便夜间照明使用。
3. 准备一些常用的治疗感冒、外伤、中暑的药品。
4. 要穿运动鞋或旅游鞋，不要穿皮鞋，因为穿皮鞋长途行走时脚容易磨出泡。
5. 早晨、夜晚天气较凉，要及时添加衣物，以防止感冒。
6. 活动中不随便单独行动，应结伴而行，防止发生意外。
7. 晚上注意充分休息，以保证有充足的精力参加活动。
8. 不要随便采摘、食用蘑菇、野菜和野果，以免发生食物中毒。
9. 要有成年人组织、带领。

● 酷暑来临，在外出活动时应如何防止中暑？

中暑是人持续在高温条件下活动或受阳光暴晒所致，大多发生在烈日下长时间站立、劳动、集会或徒步行军时。轻度中暑者会感到头昏、耳鸣、胸闷、心慌、四肢无力、口渴、恶心，重度中暑者可能会伴有高烧、昏迷、痉挛等症状。那么，户外活动时应当如何防止中暑呢？

1. 喝水。大量出汗后，要及时补充水分。外出活动，尤其是远足、爬山或去缺水的地方时，一定要带充足的水。条件允许的话，还可以带些水果等解渴的食品。

2. 降温。外出活动前应该做好防晒的准备，最好准备太阳伞、遮阳帽，着浅色、透气性好的服装。外出活动时，一旦有中暑的征兆，要立即采取措施，寻找阴凉通风处，解开衣领，降低体温。

3. 备药。可以随身带一些十滴水、藿香正气水等药品，以缓解轻度中暑引起的症状。如果中暑症状严重，应该立即到医院诊治。

交流讨论

1. 去野外钓鱼时需要注意哪些安全事项？
2. 滑冰是一项不错的运动，滑冰时我们该如何做好安全防范？

Part 5

第五章　实习求职

顶岗实习是指学生走出课堂进入企业一线实践的过程，它其实是学校教学过程的延伸，对学生将来的就业影响重大。顶岗实习对学生来说是一种锻炼，同时也隐藏着安全危机，同学们要充分认识到安全生产的重要性，做好岗前安全培训，既要完成实习工作，又要避免不必要的人身伤害。

求职择业是指学生到社会上寻找工作、落实就业的过程，也是学生接触社会、踏入社会的重要一步。随着毕业生数量的增加和就业压力的不断增大，“皇帝女儿不愁嫁”的局面早已一去不复返了，毕业生就业的焦虑度也越来越高，求职心情非常迫切。有的不法之徒利用毕业生求职心切的心理，巧设名目，设置各类求职陷阱，给学生的求职就业蒙上了难以抹去的阴影，造成了恶劣的社会影响。据公安部门统计，这类案件在近两年呈急剧上升趋势。面对这些问题，除了学校要加强安全教育和防护措施外，毕业生自身在求职过程中更要注意提高警惕，增强安全自我防范意识。

专题十一　初涉人生舞台

话题25　顶岗实习莫大意

引　言

顶岗实习是教学功能在企业的延伸,学校仍需要对学生继续履行教育和管理的责任。学生经过了几年的理论学习,还毫无实践经验可谈,而作为生产一线的实习工厂,对涉世未深的学生而言,还是存在着许多安全隐患的,因此加强学生实习的岗前培训,强化安全意识,加强管理和引导,是十分必要的。对大多数职业院校的学生来说,机电操作、汽车维修、建筑施工、化工生产等行业是实习的主战场,同时由于这些行业的特殊性,潜伏着诸多安全盲点,特别需要重点关注安全问题。

案例点评

案例1:某中职学校数控车工班一男生在数控车床实习时,由于刃磨刀具工作角度不合理,致使切屑不断屑,缠绕在工件上,影响了工件的加工质量。为了清除切屑,该生按了机床的暂停键。在刀架停止进给、机床主轴没有停止转动的情况下,他用右手拿铁钩清理切屑。由于天气较冷,该生拿铁钩的右手缩在了工作服衣袖里。因缠绕的切屑过多,主轴转速过高,铁钩也被缠绕在工件上。该生当即惊慌失措,本能地松开右手,但由于工作服衣袖伸出过长,被切屑缠住,导致该生右臂也被拉到工件上。幸亏不远处的班长眼疾手快,及时按下机床急停按钮才未酿成大事故。但该生还是由于数控机床主轴的惯性造成右臂上肢骨折。

评析：

上述案例中，男生的操作存在以下错误：

① 处理切屑时，违反了数控车床安全操作规程，未停止机床主轴，导致事故的发生。

② 防护装置应用不当。如若正常穿戴工作服，当其松开右手时，工作服衣袖就不会被切屑缠住，右臂自然不会因此被拉到工件上造成上肢骨折。

③ 刃磨刀具基本功不扎实。在加工过程中出现缠屑现象时，若该生能遵守数控车床操作规程，在停止机床进给并停止主轴旋转后再处理切屑，则可避免该事故的发生。

该班班长能够冷静地面对突发事件，利用所学数控车床操作知识及时按下机床急停按钮，停止机床主轴的旋转，从而避免了重大事故的发生。班长的所作所为值得学习。

案例2：汽车轮胎拆装的实训中，学生王某没有认真观察师傅的演示操作。在自己单独操作时，王某夹紧轮辋舌，没有将拆装头放到安全可靠的拆装位置，在轮辋旋转的情况下企图把拆胎用的撬棍插到轮胎与钢圈之间，导致撬棍在力的反作用下打到了他的左手大拇指，使大拇指部位瘀血红肿。幸亏带班师傅及时发现，切断拆装机电源，才没有造成更大的安全事故。

评析：

在汽修实习中存在许多有潜在危险的器械，如上述案例中提到的汽车轮胎拆装机，它的使用是汽车专业学生的必练项目。在使用过程中须注意：

① 在轮胎拆装时，应先夹紧轮胎，再安装拆装头。

② 必须在轮胎静止的情况下使用撬棍。

③ 轮胎被撬起到拆装台后，应该把撬棍拔出再旋转轮胎。

所以，在实习时应严格按照师傅的要求，不要擅自进行危险操作。

案例3：刘某是烟台一家职业技术学院建筑工程专业的学生。2013 年 1 月 12 日下午，刘某在父亲所在的工地帮忙看管灌浆车浇铸混凝土。半个小时后，另一辆灌浆车开近刘某，慢慢地展开伸缩臂，开始向浇铸池内倾倒混凝土。不知何故，该灌浆车的伸缩臂在摆动震荡过程中一下子将刘某撂倒在地。在刘某即将被扫进混凝土浇筑池内时，工地上的其余工人赶紧跑过来将刘某从浇铸池边缘拽了上来。此时的刘某已不能站立行走，剧烈的痛楚使他几乎晕厥过去。经医师检查确诊，因外力作用挤压，刘某左侧大腿骨被粉碎成 5 块，必须立即进行手术。经过 2 个多小时的手术，刘某大腿骨折手术成功结束。

评析：

刘某业余时间到父亲工地实习的做法，虽然孝心可嘉，却不可取。业余时间进行锻炼，缺乏老师指导，施工场所存在着众多的隐患，缺少安全培训的外行人贸然进入，容易造成严重的安全事故，因此作为未来的从业者，必须认真学习相关知识，严格遵守行业规范，养成良好的作业习惯。

案例 4：在某化工厂实验室实习时，学生小李正准备处理一瓶四氢呋喃。他没有仔细核对，误将一瓶硝基甲烷当作四氢呋喃加到了氢氧化钠中。约一分钟后，试剂瓶中冒出了白烟。李某立即将通风橱玻璃门拉下，此时瓶口的烟变成了黑色泡沫状液体，爆炸发生了，四溅的玻璃碎片将小李的手臂割伤。

评析：

由于李某在加药品时粗心大意，没有仔细核对所用化学试剂而造成了爆炸。实验台药品杂乱无序、药品过多也是造成本次事故的主要原因。这是一起典型的误操作事故。实验操作过程中的每一个步骤都必须仔细执行，不能有半点马虎。实验台要保持整洁，不用的试剂瓶要摆放到试剂架上，避免试剂被打翻或误用。

安全常识

一、安全生产的方针

我国的安全生产方针是“安全第一，预防为主，综合治理”。这一方针是开展安全生产工作的总体指导方针，是长期实践的经验总结。通过学习我国安全生产方针的内容，学生能认识到安全生产的重要性，进行更好的安全教育培训，正确地处理实习期间遇到的各种安全问题。

二、安全生产的基本原则

1．“四不伤害”原则。

(1) 不伤害自己。

① 保持正确的工作态度及良好的身体、心理状态，自己保护自己。

② 掌握自己操作的设备或活动中的危险因素及控制方法，遵守安全规则，使用必要的防护用品，不违章作业。

③ 任何活动或设备都存在危险,先确认无伤害威胁,再进行操作。

④ 杜绝侥幸、自大、想当然的心理,莫以患小而为之。

⑤ 积极参加安全教育培训,提高识别和处理危险状况的能力。

⑥ 虚心接受他人对自己不安全行为的纠正。

(2) 不伤害他人。

① 因为生产环境中的活动区域有限,随时可能影响他人的安全,故自己在活动时须保持高度的安全意识,不制造安全隐患,尊重他人生命。

② 刚接触不熟悉的活动、设备、环境时要多听、多看、多问,在进行必要的沟通后再操作。

③ 在操作设备的过程中,尤其是启动、维修、清洁、保养时,要确保他人在安全区域。

④ 将你所知或即将造成的危险及时告知可能受影响的人员,协助予以标识或消除。

(3) 不被他人伤害。

① 提高自我防护意识,保持警惕,及时发现并报告危险。

② 分享安全知识及经验,帮助他人提高事故预防技能。

③ 不忽视已标识或潜在的危险并远离它,若要接近须做好充足防护并得到安全许可。

④ 纠正他人可能危害自己的不安全行为,不伤害生命比不伤害情面更重要。

⑤ 冷静处理所遭遇的突发事件,正确应用所学安全技能。

⑥ 拒绝他人的违章指挥行为。

(4) 保护他人不受伤害。

① 任何人在任何地方发现任何事故隐患都要主动告知或提示他人。

② 提示他人遵守各项规章制度和安全操作规范。

③ 提出安全建议,互相交流,向他人传递有用的信息。

④ 视安全为集体的荣誉,为团队贡献安全知识,与他人分享经验。

⑤ 关注他人身体、精神状况等异常变化。

⑥ 一旦发生事故,在保护自己的同时,主动帮助身边的人摆脱困境。

2. “三不违章”原则。

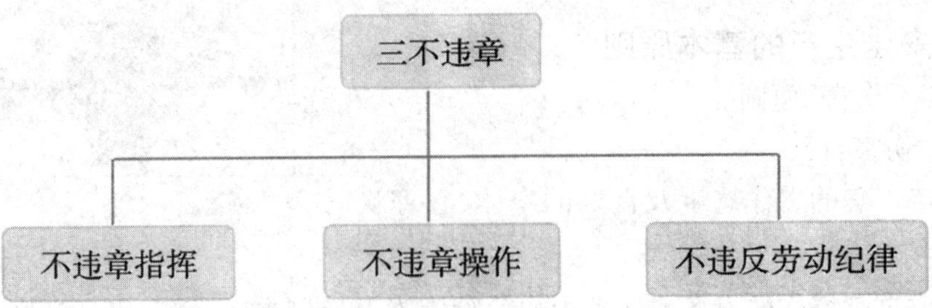

3. 工伤事故“四不放过”原则。

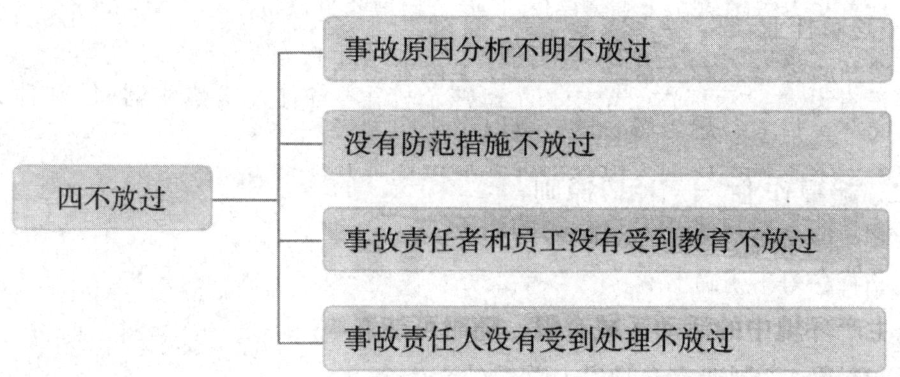

事故发生后，只有从以上四个方面进行反思，才能系统解决问题。需要特别注意的是，这四个方面不能顾此失彼，应当面面俱到。

4. “生产与安全统一”原则。

“生产与安全统一”原则是指在企业中谁主管谁负责，管生产的必须管安全，做技术的必须懂安全。

5. “3E”原则。

安全管理的“3E”原则，即 Engineering、Education 和 Enforcement。

Engineering：指利用技术手段消除安全隐患。例如，用机械化代替手工生产，采用红外线防错措施等。

Education：指通过各种形式的教育和训练对员工进行培训，提高安全意识和能力。

Enforcement：指对员工，特别是基层员工进行强制要求，要求员工必须按照安全设备的操作规范进行作业。

 知识链接

一、常见的几种危险操作

1. 在砂轮的侧面用力磨刀具或工具，砂轮偏转飞出。

2. 不戴防护眼镜近距离观察正在加工的零件,铁屑飞溅伤眼。

3. 披着长发近距离在风机旁操作,长发容易被卷进风机。

4. 紧固卡盘后,没有将手柄卸下就开车,手柄飞出伤人。

5. 没有设置警示标志,或未注意到警示标志,当有人维修机器时,其他人接通电源。

二、起重作业"十不吊"原则

1. 超载或被吊物重量不清不吊。

2. 指挥信号不明确不吊。

3. 捆绑、吊挂不牢或不平衡,可能引起滑动时不吊。

4. 被吊物上有人或浮置物时不吊。

5. 结构或零部件有影响安全工作的缺陷或损伤时不吊。

6. 遇有拉力不清的埋置物件时不吊。

7. 工作场地昏暗,无法看清场地、被吊物和指挥信号时不吊。

8. 被吊物棱角处与捆绑钢绳间未加衬垫时不吊。

9. 歪拉斜吊重物时不吊。

10. 容器内装的物品过满时不币。

三、化学品伤害的应急处理

1. 皮肤伤害处理。

2. 眼部伤害处理。

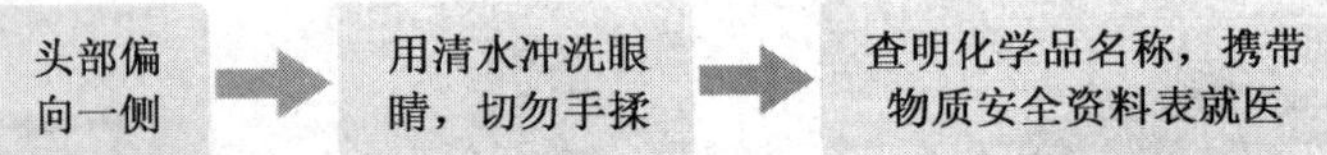

3. 吸入伤害处理。

4. 误食伤害处理。

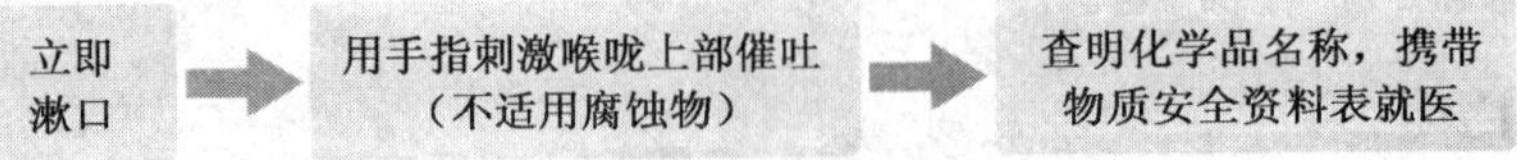

四、三种不能用水浇的火情扑救

燃烧需要三个要素——可燃物、达到一定温度和氧气充足。用水喷洒燃烧物利于降温、隔绝氧气，对大多数燃烧都有阻止作用，但遇到以下三种火情用水浇无异于“火上浇油”。

1. 有机溶剂或内含有机溶剂。

有机溶剂一旦燃烧千万不能用水浇。因为这些溶剂的比重小于水，浇水不仅起不到隔绝氧气的作用，而且还会增大这些有机溶剂与空气的接触面积，使火烧得更旺。

2. 酒精、汽油、食用油，装修用的油性油漆、香蕉水等。

如燃烧剧烈且迅速，最好紧急逃离，不要试图灭火。若火情不大，最好使用泡沫灭火器。

3. 钾、钠、镁等化学物起火。

存放钾、钠、镁、铝粉、电石、生石灰、过氧化钠等化学药品，以及硫酸、盐酸等强酸的场合，一旦发生火灾不能用水浇灭。这些物质可能与水发生化学反应，使火势增大，也可能遇水后生成可燃气体，引起爆炸。强酸遇水后还会向四周外溅，腐蚀周边物体和人员。

模拟训练

● **参照有关操作规定，可现场演练在实验前如何预防可能的事故发生。**

(1) 实验前要认真检查设备的安全性能状况，发现电线及设备存在故障时应及时报告。

(2) 进入实验室应严格遵守实验室管理规定，不得违规在实验室内吸烟或使用电器。

(3) 参加实验的学生在操作设备时应精力集中，严格执行操作规程，使用易燃易爆物品时更要谨慎小心，实验结束前学生不得擅自脱岗，以防发生爆炸、火灾事故。

(4) 参加实验的学生要了解实验室灭火器材的种类、存放位置和使用方法，还要熟悉实验室的安全通道，一旦发生大火时能够迅速逃生。

(5) 了解爆炸物的性能。必须与爆炸物品接触时要做到“7 防”：防止可燃气体粉尘与空气混合；防止明火；防止摩擦和撞击；防止电火花；防止静电放电；防止雷击；防止化学反应。

交流讨论

1. 小张正在车床上进行实训操作，突然有朋友给他打电话。为了接电话，他离开正在运行的车床来到车间外接电话。他这种行为对吗？为什么？

2. 小王感觉自己的车辆动力下降，到修理厂报修。根据检查的结果，维修厂主管的意见是需要更换火花塞及清洗喷油器。经小王同意后,主管派工给厂里的刘师傅。小王为了让刘师傅认真对待他的汽车,于是抽出一支烟递给刘师傅,并帮刘师傅点着火,而当时刘师傅正在拆卸喷油器。刘师傅抽着烟进行维修的这种行为对吗?你认为可能会导致哪些安全事故呢?

3. 你在实验室进行化学实验时有哪些不良行为吗?面对其他同学的不良行为,你如何防止?

话题26 传销陷阱莫误入

引 言

当前,互联网金融、电子商务正成为时代热点。许多新兴的网络传销打着投资理财、时尚高端的旗号,以高收益为诱饵,猖獗作案,真伪难辨。近年来,这些非法组织逐步渗透到了校园,学生成了被利用、控制的对象,这些犯罪组织中超过半数是团伙犯罪,其中很多与青少年帮派有关。面对纷繁复杂的社会,初涉职场的学生们该如何辨别传销并远离它呢?

案例点评

案例1:2010年12月,常州某职业技术学院三年级学生冯某听信网友之言,误入非法传销组织,在遭拘禁长达5个月后被常州翠竹派出所民警成功解救。冯某平时就很好学上进,作为家里唯一的男孩,冯某一心想尽快出人头地。2010年年初,小冯在偶尔的一次上网中接触了一名女网友。"你有梦想吗?你想尽快成为一名成功人士吗?我这里有份好工作。"在女网友极有渲染力的介绍下,小冯心动了。

"当时网友告诉我是一家天津的生物制药有限公司,生产高科技的保健品。"小冯梦想中的大企业、高年薪,这家公司都符合。于是,小冯收拾行囊,没有和家人道别,带着梦想独自去了天津,开始了"创业"的旅程,却没有想到这是噩梦的开始。

点评:

小冯误入非法传销组织,主要原因是轻信网友。在求职期间,一定要注意安全,千万不要落入传销组织的圈套。特别注意不要被"高回报""招聘""加盟"等条件诱骗到异地。

案例2:22岁的小郭是江西某服装学院大三的学生。2月底,大学同学告诉他在福建漳州有很好的就业机会,并邀请他到漳州找工作。因为即将毕业,对方又是自己的同窗好友,小郭便带上3 000多元现金、笔记本电脑及一些换洗衣物乘车来到了漳州。到达漳州后,他的同学将小郭带到了一处民宅。一进房间,小郭就被一群人拳打脚踢,并被抢走了钱和笔记本电脑等贵

重物品。此时，小郭才意识到自己被骗了。在陷入传销窝点的2个多月中，小郭每天上课，被人洗脑。为了取得他人的信任，小郭假装相信，对传销上线人员言听计从。在多次争取后，小郭终于获得了一个外出打电话的机会。

傍晚6点多，小郭在传销组织人员的陪同下来到漳州一家大型超市给母亲打电话。为了成功脱离传销组织，在打完电话后行经超市收银台位置时，小郭从口袋里拿出事先准备好的钢笔，狠狠捅向自己的腹部，并且不断地高呼救命。旁边3名传销人员中的一人见状便试图拉走小郭，两人于是拉扯了起来。此时，旁边一名热心男子急忙上前拉住争执的双方。见围观群众越来越多，3名传销人员急忙逃离现场。

在场群众拨打了"120"急救电话，小郭随后被送往医院。经过检查，小郭的伤势并无大碍。

点评：

在上述案例中，小郭不应该轻易相信自己的同学，孤身前往陌生的城市。但在身陷传销窝点时期，小郭能假意顺从，降低传销组织人员的戒心，减少对自身的伤害，时时寻找脱离的机会。虽然小郭最终逃离了传销窝点，但他的自残做法并不值得赞扬，应寻找更加安全的方法逃离。由于传销组织不断变换着欺诈手段，社会阅历少、经验浅的在校学生更容易被诱骗、拉拢和控制。能够像小郭一样成功获救的实属幸运。许多误入传销的学生不仅损失大量钱财，身心受到摧残，更有甚者，误入歧途，执迷不悟，给个人、家庭和社会带来了严重的伤害。

安全常识

一、传销的定义

传销是指组织者或者经营者发展人员，对被发展人员以其直接或者间接发展的人员数量或者销售业绩为依据计算和给付报酬，或者以要求被发展人员必须交纳一定费用方可取得加入资格等方式牟取非法利益，扰乱经济秩序，影响社会稳定的行为。

二、传销的特点

1. 组织严密，行动诡秘。

传销组织一般会把人员骗到异地参与。组织内部管理严密，一般实行上下线人员单独联系，而组织者则在异地遥控指挥。

2. 熟人入手。

以"帮找工作""合伙做生意""网友见面"等借口诱骗亲戚、朋友、同乡、同事、同学到异地参与传销活动。

3. 暴富理论。

利用一套貌似科学合理的奖金分配制度的歪理邪说鼓吹迅速暴富，鼓动人员加入。

4. 宣讲洗脑。

对加入传销组织的人以集中授课、交流谈心等方式不间断地灌输暴富思想，使参加者深信不疑。

5. 高额返利。

传销组织一般会制订貌似公平且吸引力很强的“高额返利”制度，在传销人员的鼓噪下，受骗者很容易产生投资欲望，轻率加入传销活动。

6. 商品道具，价格虚高。

传销商品只是一件道具，其目的是发展人员，骗取钱财，因此，传销商品的价格与价值严重不符。

三、传销的形式

1. “拉人头”式传销。

组织者要求参加者发展其他人员加入，以参加者直接或间接发展的人员数量为依据计算和支付报酬，牟取非法利益。此类传销不以买卖商品为目的，主要目的是发展人员加入。

2. 骗取“入门费”式传销。

组织者要求参加者交纳费用或者以认购商品等形式变相交纳费用，以取得加入或者发展其他人员加入的资格，从而牟取非法利益。这种形式主要贯穿于各种传销形式之中，也是传销组织者“发家致富”的主要途径。

3. “团队计酬”式传销。

组织者要求参加者发展其他人员加入，形成上下线关系，并且以下线的销售业绩为依据计算和支付上线报酬，牟取非法利益。这种形式就是“团队计酬”式传销。绝大部分传销活动都具有这种表现形式。

例 洪某在经人介绍花2 000元购买一套化妆品后，获得某公司业务员资格。此后，洪某直接发展了6个人以同样的方式加入公司，这6人就是洪某的直接下线。之后，这6人又发展了7人加入，这7人就成了洪某的间接下线。洪某与其下线13个人组成了“团队”。按照公司的规定，洪某从其直接发展的6名下线的销售额中获取8%～20%的报酬，从其间接发展的7名下线的销售额中获取2%～10%的报酬。

4. 网络传销。

除上述三种传统的形式外，传销行为已向互联网延伸。一些不法分子利用互联网大肆发展网上会员，从事网络传销活动，并呈现出新的形式。

(1) “电子商务”式传销。组织者先注册一个电子商务公司，再以此名义建立一个电子商务网站，打出电子商务的旗号，以“网购”“网络营销”“网络直购”等形式从事网络传销活动。

例 某国际广场一栋写字楼内的一家名为“诚购网”的公司打着网购的旗号宣扬“在家睡觉,年赚百万”,涉嫌传销。经过警方调查,“诚购网”的传销模式如下:

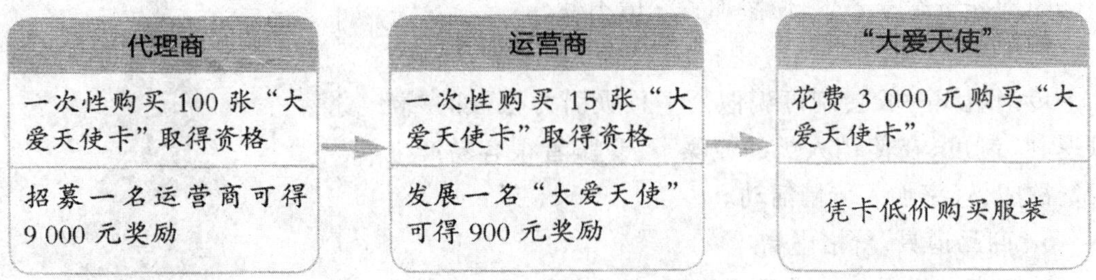

截至案发,该公司已发展9 000余人,涉案金额8 000余万元。涉案的多名传销骨干人员被依法追究刑事责任。

(2)“网上创业”式传销。组织者抓住年轻人急于创业、渴望成功的心理,以“在家创业”“网络创业”“网络资本运作”为诱饵,欺骗、引诱年轻人上当,从而达到发展会员进行网络传销的目的。

(3)“网络博弈”式传销。组织者通过玩网络游戏、网上博彩等手段发展会员,销售“游戏股票”“幸运博彩”等游戏充值卡,以直销奖、销售奖为诱饵发展下线。

例 某传销组织以投资网络股票只涨不跌、高额回报为诱饵,诱骗他人网上投资某国际游戏股票成为会员。参加者发展下线即可获得推荐奖、对碰奖、组织奖、辅导奖等奖金。

(4)“免费获利”式传销。组织者表面宣传“免费获利”“增值消费”“消费不用花钱,免费购买商品”“循环消费”等,实际上却是诱骗人们参加传销活动。

(5)“爱心互助”式传销。组织者以“关爱他人健康”为幌子,宣传一些具有“特别功效”的生物保健品,宣称入会后就能获得优惠价格或返利,以此进行网络传销。

四、传销组织的常用手段

传销活动不断变换着手法,从过去传销商品、“拉人头”发展到如今的虚拟概念,始终不变的是其诈取钱财的本质。把新人骗进传销组织的过程大致如下:

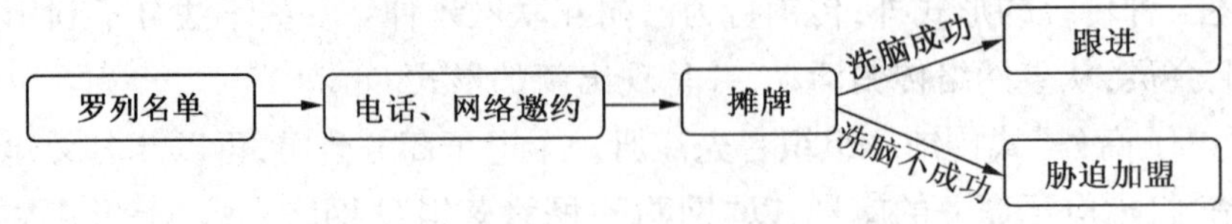

知识链接

一、识别和防范传销的方法

“传销”一词人尽皆知，但是不是每个人都具有识别传销行为的能力。我们应该如何识别传销、如何识别朋友或同学已经陷入传销圈套呢？

1. 不知近况的亲戚、朋友、同学等突然打电话邀请你去异地工作、游玩，或者一直鼓吹自己事业成功，提出一起创业或工作的想法。

2. 因为传销组织经常上课洗脑，所以接到上述电话后，可以在每天的不同时间回拨电话，看看是否存在电话经常不接或很久才接的情况。

3. 每次通话时仔细聆听背景声音，如火车、轮渡等，判断是否存在与对方所说矛盾的地方。

4. 若对方只留电话和公司名称，却说不清具体的公司地址和其居住地址，要心存怀疑。接到工作邀请时，可以上网查询，核实对方公司的名称和地址。同时，请对方拍一张公司照片，或指定动作请对方在工作地拍一张照片。

5. 在不通知对方的情况下，按照提供的地址和照片提前前往考察，以确认公司是否真实存在。如果公司存在，可以进一步确认对方是否在其中工作，如立即打电话询问对方位置或在公司内找人等。反之，则不要再联系对方，尽快离开。

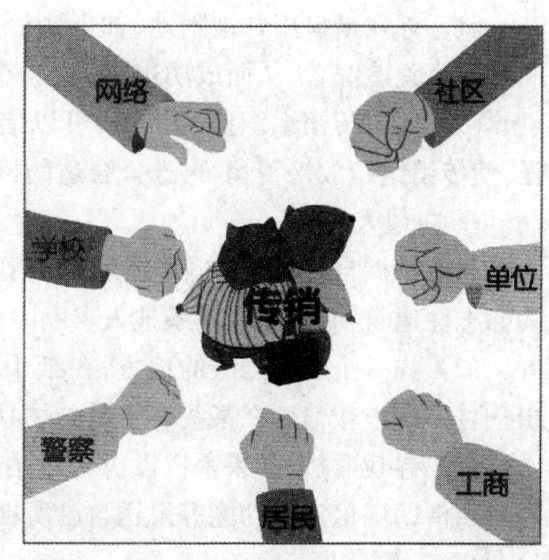

6. 在网上投递简历被通知上班或面试后，如果发现工作地点在居民房或小区内，必须提高警惕，注意对方言辞。

7. 当你投奔亲人来到异地，发现有两人同时接你且其中有一名是陌生人时，请提高警惕。此后，如果对方带你去的地方为老旧小区、城乡接合处等，周围静悄悄，没有或很少有商店，请寻找理由及时离开。

二、传销的选人原则和标准

传销内部资料显示了其选人的原则是：做好市场规划，选对一个人，普遍撒网、重点培养。也就是说，网要撒得大一点，不要遗漏任何一个潜在的机会，建立自己广阔的后备库，重点培养成功率高、影响力大的人。

其选人的标准是：

不适合干的人：① 生活贫穷的人；② 固执、认死理、钻牛角尖、自以为是的人；③ 优柔寡断、儿女情长的人；④ 在校学生、教师、在职公务员、现役军人；⑤ 只会吹牛、不会实干的人；⑦ 不三不四的人、违法犯罪的人、在逃犯、通缉犯；⑧ 特别胆小的人。

适合干的人：① 有抱负的人；② 做生意不太成功的人；③ 经商时间长，先成功后失败的人；④ 可信度高、信誉好、为人好的人；⑤ 不安于现状的人；⑥ 复退军人；⑦ 下岗工人、失业毕业生、农村剩余劳动力等失业人员。

在适合干的人之中又列出信任度高的、创业投资意识强的、挣钱欲望高的、胆子比较大的人为最优。

模拟训练

● 设想一下，一旦发现自己身陷传销陷阱，该如何逃离呢？

1. 确保自身安全。

如果不幸误入传销组织，首先需要保持头脑冷静，默默观察周边环境及平时的生活规律，不要做出极端行为，可以选择假意顺从，以降低传销组织人员的戒心，保护好自身的安全。

2. 寻找时机逃离。

(1) 寻找借口离开被困地，如上厕所。应尽量去往人群密集地，这样可以利用有利的环境摆脱追踪者，从而成功逃离。

(2) 如果传销组织监控严密，可以借机行事，如伪装示弱或装病等，骗取对方的信任，使传销组织放松警惕，再选择合适的机会逃离。

3. 向他人求救。

(1) 掌握自己所处的具体位置，如门牌号码等，若不能确定具体位置，可以寻找附近的标志性建筑物，以便在联系他人求助时说出准确位置。

(2) 找一个较为隐蔽的地方，在纸币或纸条上写出求救信息，趁人不备时从窗户扔出。可以将求救信缠在某些有重量的物品上丢出，或多写几张分散丢出。

(3) 寻找时机，如果手机没有被传销组织没收，可以利用手机中的 GPS 定位功能报警。如借助微信定位功能等发送自己所在位置，提高获救的可能性。

交流讨论

1. 直销和传销有什么区别？谈谈学习后的认识。

2. 观看公安部经济犯罪侦查局和中央电视台联合录制的《谎言的覆灭》，彻底了解传销组织完整的“黑色”欺骗链条。观看上述影片后，你对传销组织有什么认识？你身边的朋友或亲人有误入传销组织的吗？若有，请分享事件的经过。

话题27 虚假招聘勇维权

引 言

求职择业是学生初涉人生舞台的重要一步。目前，社会对毕业生的需要不仅在数量上而且在专业素质上都发生了很大的变化，求职择业的竞争非常激烈。由于学生涉世不深，思想单纯，在求职时急于求成，因而就不可避免地会遇到一些安全问题。社会上不少不法分子或单位利用学生急于求职的心理，设置了形形色色的招聘陷阱，或谋财或骗色，给学生的求职之路蒙上了阴影。

案例点评

案例1：某校毕业生李某为了预防招聘被骗，放弃了网站投递简历以及职业介绍所，选择了正规的人才市场。参加招聘当日，李某只应聘当日能提供面试机会的工作。在经过现场招聘后，他来到南山区的一家公司。

面试之后，李某被通知面试合格，但需要交纳1 250元的保险费、服装费等押金。他缴费后还让公司开具了一份收据。但第二天上班时，公司却要求他下周一再来。到了第二个星期一，公司又声称月末不接受新人入职，要求下月1号再来报到……这样一来二去，李某迟迟不能入职。后来，一名热心的同事悄悄告诉他，遇到这种情况李某需要请张经理的助理吃顿饭。于是，李某又请张经理的助理和这名热心的同事吃了顿饭。在饭桌上，张经理的助理答应帮忙，并保证后天就可以上班。但第三天，李某去上班时，却又被告知由于业务部的主管出差无法办理入职……

随着时间的流逝，李某发现等待上班的人除了他以外还有20多人，他这才发觉自己被骗了。随后，他和几名应聘者一起要求退还押金，但公司矢口否认收取过押金。

最终，李某和几名受骗人员去派出所报案，准备带着警察来公司讨要说法。但是，当他们再次来到公司时，却发现已是人去楼空。他手里只剩下一张无用的收据。

评析：

形形色色的招聘陷阱，总是变换着不同的面目不断出现。上述案件经常发生在正在求职应聘的学生身上，即将毕业的学生一定要练就火眼金睛，巧辨招聘陷阱。那么如果遇到此类事件，我们应当如何维护自身的权益呢？

案例2：某校女生温某在某招聘网上看到"广州某某有限公司"招聘销售人员，兴奋地发现与自己的专业对口，待遇也不错，但招聘表上又明确表示"只招男性"。

温某认为销售人员并不是只能男性担任，她在大学期间有过销售的工作经历，专业也适合，觉得这份工作自己可以胜任，所以，她投递了简历。但之后几天始终没有得到该公司回复。于是，她拨通了人事部的电话。经过沟通，对方以"本单位的销售岗位只招男性"为理由，拒绝了温某的工作请求。

温某最终做出一个决定：站出来维权。但是她在咨询律师后得到的答复却是"这类案件很难通过司法途径解决。法院基本不支持对用人单位在招聘时的性别歧视判决赔偿损失"。

虽有法律保障，为何就业性别歧视得不到惩罚呢？在司法实践里，多是以被歧视者损失的程度作为是否立案及判决的标准，但损失程度很难量化。所以，这是司法实践中的难点。

2014年11月6日，温某向广州市越秀区人力资源和社会保障局投诉了上述公司的性别歧视行为。接到投诉后，广州市越秀区人力资源和社会保障局劳动监察大队（以下简称"劳监队"）展开了调查。了解事实后，劳监队介入了投诉案件。

经过71天的"拉锯战"，2015年1月15日，在劳监队的调解下，广州某有限公司和温某达成了最终协议。最终，该公司因存在性别歧视问题，在其公司首页和相关招聘网上向温某刊登道歉信，支付温某在投诉过程中的花费600元，并赔偿精神损失费1元。

评析：

面对招聘中的性别歧视、外貌歧视、户籍歧视等，绝大部分的毕业生虽然很愤怒，最终却只能选择忍气吞声。其实，面对求职应聘中的不公正待遇，我们都应向温某学习，积极站出来维护自己的合法权益。

安全常识

一、识别招聘陷阱

1. 招而不聘。

在很多招聘会场中经常能看到一些熟悉的单位。这些单位常年招聘，但从不透露到底需要多少人，且招聘的信息从不更换或者很少更换。在招聘会上，这些单位往往发给求职者很多宣传册、介绍单位文化的资料等。对此，求职者可以事前通过网络对单位的情况、招聘职位进行全面了解，做到心中有数，以免费时费力，无功而返。

2. 变相收费。

按照有关规定，招聘单位不得以招聘为由向求职者收取任何费用。因此，不管招聘单位是收取服装费、培训费还是收取押金，求职者都应该坚定地说“不”。特别注意，提出“变相收费”的单位的面试都比较草率，通过率基本达到百分之百。

例 陈某在QQ兼职群里看到一则招聘打字员的信息。他通过添加好友了解到，录入一万字可赚260元钱，现在对方有一本共10万字的稿件，要求两个月完成录入。陈某觉得报酬丰厚，又能利用课余时间，便高兴地应聘了。其后，对方要求陈某支付46元的稿件邮寄费用，3天后又让陈某再支付500元保密费给本地代理商，并告知在其付款后1~2个小时代理商会把稿件送给陈某。陈某全部付清后，对方又提出追加保密费1 300元。在陈某转账后，对方就把他的QQ号码删除了，陈某这才意识到被骗了。

3. 偷换概念。

有些单位在招聘时既不明确告知试用期时间，又将试用期工资压低，只是口头承诺转正后工资会大幅上涨。但是，在试用期即将结束时，单位却以各种理由辞退求职者。

例 小邓自6月18日开始在某公司从事推销汽车用品的工作。试用期30天结束后，和他一起应聘的8名同学全部被辞退，理由是任务未达标。而且，在招聘时口头承诺的底薪1 800元也没有按实际工作天数发放，只发放了800元。

4. 窃取创意。

由于聘请专家或者专业人才的费用较高，有些单位为了节约成本，便通过大规模招聘的方式来获取好的创意或者方案。这类招聘往往要求应聘者在面试前针对某一特定产品进行设计。

例 李强是一名广告设计专业的学生。今年3月，他到郑州某广告公司应聘。对方提出考题：为一款家用电器制作一份广告策划方案，限期3天。3天后，李强带着自己做出的策划方案来到该公司,对方收下后让他回家等通知,从此便泥牛入海。

今年5月份,李强发现一条家用电器的广告"很眼熟",和他做的方案几乎一模一样,而策划单位正是他曾去应聘的那家公司。到这时李强才醒悟:原来对方招聘是假,窃取创意才是真。

5. 虚设岗位。

招聘单位在发布招聘信息时,对从事的工作内容作模糊化处理。招聘广告上写着招聘"市场总监""保险事业部经理"等,结果应聘者入职后却发现其实是做业务员、保险代理员等。有的单位还会以"先到基层锻炼"为幌子欺骗求职者,使他们继续工作下去。

例 24岁的小刘去年毕业于郑州某高校经贸管理系。7月,他成功应聘一家单位的"市场部经理"。可是在第一天上班时单位老总却让小刘这个"经理"去推销产品,美其名曰"了解市场"。在小刘推销了一个多月的产品后,一名与他关系不错的员工偷偷告诉他,单位最初招聘时就是要推销员,怕没有人来,才改为招聘"市场部经理"。小刘这才发现自己上当了。

6. 不法行业。

"星级饭店招聘男女公关经理,无须工作经验,无学历要求。底薪800元,月薪可达数万元。要求:女身高165厘米以上,男身高180厘米以上,面容姣好。"

这样的招聘广告一般都是骗人的或是让人加入不法行业。天上不会掉馅饼,没有付出,是不会得到高薪回报的。

二、应聘就业的法律常识

为预防招聘陷阱,了解和掌握求职应聘时涉及的法律常识是十分必要的,只有这样我们才能更好地保障自己的合法权益。

1. 先试用再签合同,用人单位不合法。

《中华人民共和国劳动合同法》(以下简称《劳动合同法》)规定,用人单位自用工之日起即与劳动者建立劳动关系,应当订立书面劳动合同。试用期包含在劳动合同期限内。

试用期长短应合理,具体参照下表:

合同期限	3个月~1年	1年~2年	≥3年
试用期	<1个月	<2个月	<6个月

与用人单位签订书面协议,需要把好以下"三关":

(1) 合同条文关。拿到劳动合同后要逐字逐句看清看懂合同条文,不明不懂处要请用人单位解释清楚。

(2) 权利责任关。明确知道自己在单位上班后应享受哪些权利,包括工资、福利、保险、劳动时间、假期等。同时还要明确自己对单位应负有的责任,不可盲目地签合同。

(3) 就业期限关。就业期包括试用期,首次就业均有试用期。由于试用期工资略低，所以有的单位会随意延长试用期，以减少成本。国家根据就业对象不同有不同的时间规定，应遵守国家规定。

2. 派遣员工，同工同酬。

根据最新《劳动合同法》规定，劳动合同用工是我国的企业基本用工形式，劳务派遣用工是补充形式，只能在临时性、辅助性或者替代性的工作岗位上实施。被派遣劳动者享有与用工单位的劳动者同工同酬的权利。

3. 劳动者需要支付违约金的情况。

《劳动合同法》规定，当出现下列两种情况时，劳动者须向用人单位支付违约金。

（1）用人单位为劳动者提供专项培训费用，并约定服务期。若劳动者违反服务期约定，应按约定向用人单位支付违约金。但违约金的数额不得超过培训费用。用人单位要求劳动者支付的违约金不得超过服务期尚未履行部分所应分摊的培训费用。

（2）劳动者若违反竞业限制约定，应按约定向用人单位支付违约金。

除上述两种情况外，用人单位不得与劳动者约定由劳动者承担违约金。

4. 违约辞退，支付补偿。

若用人单位违反约定，提前解除劳动合同，应当向劳动者支付经济补偿。经济补偿的数额根据劳动者在本单位工作的年限，按每满一年支付一个月工资的标准向劳动者支付。六个月以上不满一年的，按一年计算；不满六个月的，向劳动者支付半个月工资的经济补偿。

5. 支付押金，违法行为。

《劳动合同法》规定，用人单位招用劳动者，不得扣押劳动者的居民身份证和其他证件，不得要求劳动者提供担保，或以其他名义向劳动者收取财物。

6. 辞职提前说。

根据法律规定，劳动者提前30日以书面形式通知用人单位，可以解除劳动合同。试用期内提前3日通知用人单位，可以解除劳动合同。

若用人单位存在以下情形，劳动者可以解除劳动合同：

（1）未按照劳动合同约定提供劳动保护或者劳动条件。

（2）未及时足额支付劳动报酬。

（3）未依法为劳动者缴纳社会保险费。

（4）用人单位的规章制度有违反法律、法规的规定，损害劳动者权益等情形。

若用人单位以暴力、威胁或者非法限制人身自由的手段强迫劳动者劳动，或者用人单位违章指挥、强令冒险作业危及劳动者人身安全的，劳动者可以立即解除劳动合同，而不需要事先告知用人单位。

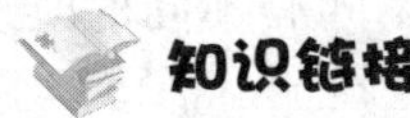

一、实际就业中的常见问题

问题：年龄未满18岁能否就业？

回答：我国最低就业年龄为16周岁。法律法规规定的其他情况除外。

问题：在校学生实习期间受伤是否属于工伤？

回答：实习学生不具备工伤保险赔偿的主体资格，不享受工伤保险待遇。虽不能享受工伤待遇，但此类事故可以按民事侵权纠纷处理。

问题：用人单位故意不订立劳动合同怎么办？

回答：用人单位与劳动者之间已经形成了事实劳动关系，如果用人单位故意拖延不订立劳动合同，劳动行政部门应予以纠正，用人单位须按月付双薪。

问题：非因工负伤致残时，该怎么办？

回答：单位职工非因工负伤致残和经医生或医疗机构认定患有难以治疗的疾病，在医疗期内或医疗终结后不能从事原工作，也不能从事用人单位另行安排的工作的，应由劳动鉴定委员会参照工伤与职业病残程度鉴定标准进行劳动能力鉴定。被鉴定为1~4级的，应当退出劳动岗位，终止劳动关系办理退休、退职手续，享受退休、退职待遇；被鉴定为5~10级的，在医疗期内不得解除劳动合同。

二、在求职择业中的注意事项

1. 尽可能通过学校人事部门和就业指导部门组织的“人才招聘会”“双向选择会”“人才交流市场”以及其他由学校组织的各种活动选择自己满意的职业。这是求职的主要渠道。

2. 对有疑问的聘用岗位或单位应及时加强了解。可通过学校有关部门或者通过亲友了解，如有条件、有时间，也可以亲自前往实地考察摸底。这样做，除防止上当受骗外，还可使自己在同用人单位签订合同时处于主动地位，并防止以后产生一些民事纠纷。

3. 在求职择业过程中遇到意外情况时，应当及时据情分别向学校学生管理部门、保卫部门或地方公安机关反映，并注意保存所有的证据，以便在发生问题时提供有关线索，协助调查。

4. 择业中必须克服常见的心理偏差和心理障碍。表现为：对就业形势盲目乐观；只考虑眼前实惠，忽视专业发展；互相攀比，强求平衡；孤芳自赏；虚荣侥幸，缺乏己见；依赖他人，寻求依托；自命不凡；等等。这些误区常常由以下心理矛盾引发：有远大的理想但往往不能正视现实；注重实现自己的人生价值但缺乏艰苦创业的心理准备；有较强的自我观念但缺乏把握自我的能力；渴望竞争但缺乏竞争的勇气。

学生一旦发现自己有上述心理现象出现，应加以重视，可以主动找老师和朋友倾诉，或咨询医生或心理师，调整好择业心态，勇敢地迎接挑战。

模拟训练

● **根据上面学过的知识，设计一个招聘场景，签订有关劳动协议，针对相关条款，思考讨论当发生劳动争议后应当遵照哪些基本程序进行解决。**

1. 双方自行协商解决。

双方通过协商方式自行和解，是当事人争取解决争议的首要途径。但是，协商解决是以双方自愿为基础的，如果不愿协商或者经过协商不能达成一致，当事人可以选择调解程序或仲裁等其他程序。

2. 调解程序。

当事人向用人单位劳动争议调解委员会申请调解。前提是，调解程序是自愿的，只有双方当事人都同意申请调解，调解委员会才能受理该案件。当事人也可不经过调解而直接申请仲裁。

3. 仲裁程序。

若经过调解后双方不能达成协议，当事人一方或双方可向当地劳动争议仲裁委员会申请仲裁，当事人也可以直接申请仲裁。仲裁程序适用于各类劳动争议，但因签订集体合同发生的争议不适用仲裁程序。仲裁程序是强制性的必经程序，即只要有一方当事人申请仲裁，且符合受案条件，仲裁委员会均予以受理。当事人如果要向法院起诉，必须先经过仲裁程序。未经过仲裁程序的劳动争议案件，人民法院将不予受理。

4. 法院审判程序。

当事人如果对仲裁裁决不服，可以向用人单位所在地的基层人民法院起诉。当事人若不服一审判决，可向上级法院上诉。法院审判程序是劳动争议处理的最终程序。

交流讨论

1. 分小组收集招聘信息，讨论招聘内容的真假。

2. 通过上述讨论，大家积极分享自己的心得，思考自己应该如何预防落入虚假招聘的陷阱，维护自身权益。

附　录　安全教育话保险

引　言

俗话说“天有不测风云,人有旦夕祸福”。千百年来无数事实反复印证了这句话。

人们渴望平安,特别是希望青少年学生能平安、健康地成长。可是,校园内外发生的各类灾害事故仍不时给学生造成伤害,构成威胁。那么,还有什么办法能够帮助学生减少人身安全事故的发生,或在事故发生后减少、弥补损失呢？这就涉及人身保险问题了。

青少年朋友对人身保险也许感到很陌生。其实,在你不经意中,人身保险已经进入了你的生活中。例如,当你乘上出租车或者长途汽车、火车、客轮、民航飞机等公共交通工具的时候,人身保险就已经为你张开了无形的保护伞。因为在每一张车、船、机票中都含有保险费,也就是说,买票的同时也就买了保险。

什么是人身保险

人身保险是以人的寿命和身体为保险对象的保险,是一种经济保障制度。它只是在参加保险的人发生死亡、伤残、疾病或到达一定年龄(期限)时,由保险公司给付一定的保险金,以保障投保者本人或他的家人的正常生活。人身保险是当今世界普遍采用的保障措施。青少年学生以及家长,可通过购买保险来获得经济保障,实现自我保护。

学生平安保险

青少年对周围的世界充满好奇心，他们好动，对什么该做、什么不该做有时不太了解，以致容易发生人身伤害事故。一旦出事，不仅给父母带来精神上的巨大痛苦，也给家庭造成经济损失。基于这样的情况，就应该考虑到学生的平安保险问题。

以学生为对象的“学生平安保险”已在全国各地开办。凡在校就读的学生，都可以参加这项保险，保险期限为1年;1年以后，重新办理保险手续。在1年的保险期限内，参加保险的学生凡因爆炸、碰撞、触电、烫伤、烧伤、中毒、淹溺、窒息、交通事故、人兽袭击等一切意外事故而造成伤亡的，保险公司将根据伤残程度或死亡等有关情况，给付相应档次的保险金。

“学生平安保险”通常附加“意外伤害医疗保险”和“住院医疗保险”，这对家长来讲，又增加了他们的一份经济保障，不仅学生发生意外事故时可以获得更多的经济补偿，而且学生患病住院治疗时，家长也能得到一定金额的医疗保险补偿。

保险公司是参加保险的广大青少年人身安全的坚强后盾，青少年在保险期内患重病或者遇到人身伤害事故，就不会因为个人家庭经济困难而错过了最佳治疗时间。换句话讲，人身保险能够帮助不幸的投保青少年消除病痛，恢复健康。

【案例】

某校女学生家庭条件不佳，却不幸患上了心脏病。但是，幸运的是她所在的学校为全校学生办理了住院医疗保险。因此，该学生得到了5万多元的医疗保险金。该学生经过心脏外科手术治疗，身体迅速康复，又回到了同学们中间。家长深有感触地说：“在孩子生大病时，是保险公司帮助我们一家渡过了难关。”

居安思危早投保

保险采用互帮互助的形式。及时投保，办妥手续，按规定缴纳保险费，就能获得相应的保险保障。保险公司为了方便客户投保，除在各地设立分支机构供家长、学生直接投保外，还通过学校或其他有关单位协助办理投保手续。这样做简化手续，方便投保，每年续保时不会脱保、漏保。

【案例】

某学校在新学期开始报名时，为全体学生们代办了“学生平安保险”和“住院医疗保险”。开学第一天下午，在学校用餐的学生出现集体食物中毒症状。学校立即将学生送往医院进行抢救治疗，并通知保险公司。经查，该学校的所有学生在开学报名时，就一起办妥了保险手续，这起事故发生在保险有效期内，属于保险责任，保险公司随即给付学生住院医疗费1万多元。

人身保险时效性很强，错过了保险期限，保险责任就不能连续。上述案例如果保险期限耽误几天，保险公司就不能做出赔偿。我们经常讲，不怕一万，就怕万一。道理很简单，就是不能有麻痹侥幸心理。所以要及时参加保险，保险到期前要做好续保手续。

多保少保不一样

人身保险有一个特点，就是它不同于财产保险，因为“财产有价人无价”。所以，我们多投保一份人身保险，就多一份保障；多参加几种人身保险，保障的范围就会更宽。目前，保险公司为青少年学生设计的人身保险品种比较多，责任范围也比较广泛。通常学生保险的综合保障金额约10万元，其中包括人身意外保险、意外伤害医疗保险和疾病住院保险。现在经济发达地区生活水平提高很快，十几万元保险金额已不能满足需求，这就需要参加多项保险或者家庭成员都参加保险。

【案例】

某校一个学生在学校擦窗时，不慎从楼上摔下，导致重伤。他参加了“学生平安保险”，保额5 000元，保险公司根据伤残程度，给付保险金3 500元。我们设想，如果他的平安保险的保额是5万元，那么他将获得35 000元的保险金；假如他还参加了“意外伤害医疗保险”的话，那么他可用于康复治疗的钱就会很充裕，家庭的负担也可以减轻许多了。

保险就是关爱自己

近年来，政府、社会倡导和呼吁用保险的办法来解决青少年学生安全和大病医疗问题，保险公司设计的保险品种也越来越多，使青少年学生得到了比较好的保险保障，产生了良好的社会效益。有人把学生保险称为“生命工程”。但是，我们也遗憾地看到，现在还有许多青少年学生及其家长由于不了解人身保险，或者心存侥幸而游离于“保险”这扇大门之外。其实，参加保险就是关爱自己。

参加过保险的人就有体会了：保险是花小钱保大钱。家长每天少花点钱，一年省下的钱，就足够给孩子买保险了。孩子多一份保险，家长就会少一份担心。

目前，学生保险每年的保险费就几十元，综合保障在10万元左右。如果要提高保障水平，我们可以增加保险金额，或者在参加学生保险的同时，家庭成员再购买其他商业保险。这样，我们就构建了家庭安全保障体系，保险保障就更加充分可靠。当然，缴纳的保险费也会相应多一些。

保险如何赔偿

参加保险以后，如果发生保险事故，要尽快通知保险公司。出险不报案，等于不保险。

【案例】

学生小建因煤气中毒住院抢救，几天后出院，支出了近万元的医疗费。小建就读的学校虽然为同学们投保了“学生平安保险”并附加了医疗保险，但是，煤气中毒是否属于保险责任，谁也吃不准，所以没有报案。时间一长，大家渐渐地把这件事淡忘了。后来，此事偶然被保险公司得知，马上立案调查，并为小建同学办好了索赔手续。当家长拿到保险公司赔偿的医疗费时，感叹地说：“出险不报案，差点白保险。”

按照有关保险条款和法律规定，事故发生后在两年内不报案，视为自动放弃索赔权，保险公司可以不承担赔偿责任。上述事故好在没有超过两年期限就被保险公司发现，否则，小建同学就无法获得保险赔偿了。看来，参加保险后，投保者还须了解有关保险的保险责任，不管出了什么事故或者发生了什么问题，都应及时与保险公司联系，以免丧失自己应该享有的权益。

领取保险金通常由家长向保险公司提出书面申请，学校协助办理。保险公司收到事故、伤残、医疗证明、医疗费发票、病历、出院小结等有关资料，经调查核准后，书面通知家长到保险公司领取保险金。

保险，保护了自己也保护了他人

“保险”首先是自我保护，谁投保谁得益。家长、子女参加保险，整个家庭均能得益。学校如果为全体学生投了“学生平安保险”，那么在校学生也都会得益。保险又是“人人为我，我为人人，千家万户帮一家”的公共事业。参加人身保险，自己得到人身保障的同时，其实也在帮助其他出险的被保险人。当然，这由保险公司按照保险合同约定替我们做了。

【案例】

2014 年，某职业学校发现几名学生患有传染性肺结核，领导高度重视，很快地组织全校学生进行体检。结果表明，已有几十名学生被感染。后经住院隔离、消毒、治疗，所有感染的学生均被治愈。学校投保的保险公司为此支付疾病住院医疗费数十万元。可见，在这场与疾病的对抗中，不仅该校全体同学都因投保而得到了安全保护，而且未出险的大多数同学又通过保险公司间接地在经济上帮助了几十名出险的被保险的同学，使他们及时得到治疗。

现在，好多家长都投保了高额的人身保险，保险金额高达几百万元，甚至更高。一旦出险，保险公司就赔付高额保险金。这笔保险金，就是由所有参加这一保险的人所缴保险费汇集而来的。如果自己没有出险，但我们所缴纳的保险费由保险公司支付给了出险的家庭，这笔保险金就可以用来照料出险的被保险人，也可以用来保障其子女完成学业或帮助家里的老人安度晚年。可以说，每一笔保险金都体现了“人人为我，我为人人，千家万户帮一家”的保险原理。

当今，保险意识在人们的社会生活中日益普及。与青少年学生有关的保险，不仅家长出钱购买，学校也在考虑投保“校方责任保险”。学生在学校期间或者参加学校组织的活动时，如果发生意外，导致学生伤亡，学校有责任向学生或家长赔偿，而保险公司将会按“校方责任保险”合同再给学校补偿。显而易见，参加保险既是保护自己，也是帮助别人。

参加保险后更应讲安全

有些人认为，参加保险就会太平无事，这是不对的。参加保险后，安全意识应该更强。避免无谓的事故和生命财产损失，这才是保险所追求的最高境界。

保险专家们在分析各种事故案例之后，得出了这样的一个结论：如果一个人在他的青少年时代接受过两个小时的安全教育，那么在他以后的人生道路上，将会避免一些灾祸的侵袭，减少事故对他的伤害，受益一辈子。

现在，保险部门在提供保险业务服务的同时，也把宣传安全知识和进行安全教育、提供安全咨询作为自己应尽的职责和义务。从这个角度看，“要安全，找保险”这句话的含义已经远远超出了经济保障、经济索赔的范畴，而成为社会安全系统的一个重要组成部分。青少年朋友们通过参加保险，不但可以得到保险保障，还可以从中了解社会，增强社会责任感，学到许多安全和自我保护知识。